JN260501

数 理 論 理 学

合理的エージェントへの応用に向けて

博士(工学) 加藤 暢
博士(工学) 高田 司郎 共著
博士(情報科学) 新出 尚之

コロナ社

まえがき

本書の内容

　今世紀は，人間と共生できるロボットの世紀といわれています。このようなロボット製作には，常に変化する環境下で人間と協調して振る舞う知的エージェント技術が必要とされます。知的エージェント技術としては，人間の目的を実現する合理的な行為を推論する意思決定が必要となります。このような推論機構を理解するためには，その基本原理である命題論理，述語論理，導出原理，そして様相論理の理解が必要です。

本書で学ぶこと

　本書では，これら数理論理学の諸概念に初めて接する大学2, 3年生を対象とし，筆者らが所属する近畿大学の情報学科で10年以上実施してきた数理論理学や知的エージェントに関する講義で提示してきたさまざまな例題を用いて，命題論理，述語論理，様相論理をできるだけ容易に解説することを意図しています。これらを解説する書籍は多数発行されていますが，どうしても形式的な記述と正確な証明を与えることに重きが置かれ，それに基づく授業は，筆者の学生時代の経験からも，数理論理学の初学者である大学2, 3年生にとってはハードルの高いもの（人によっては苦痛，人によっては安眠タイム）になりがちでした。

本書の特徴1（Prolog プログラミング学習の併用）

　そこで，述語論理については，論理型言語 Prolog の解説をする章を用意し，

実際に自動推論を体験しながら，その裏にある形式的な原理を追っていくという授業形態に対応できる章立てになっています．Prologを用いると，確定節の集合としてのデータベースと，データベースへの問合せ，およびこれらのデータを元にした知識の推論が，ほかの言語を用いるよりもはるかに容易に実現できます．本書ではこのことを体験でき，決して安眠タイムにならないような特徴的な〈例〉を用意しています．漫画「ちびまる子ちゃん」[†]は，国内でも指折りに有名な一家であり，多くの学生が直感的に家族関係という構造を頭に思い浮かべることができる一家であると思います．本書で用意する〈例〉は，ちびまる子ちゃん一家（さくら家）の家族構成をそのまま利用してデータベースを構築し，さくら家の家族関係を問い合わせるような再帰処理を行うプログラムです．このような再帰的に動作するプログラムを読者に作成・実行してもらうことで，自動推論の仕組みが容易に理解できるようになります．

本書の特徴 2（定理の証明ではなく例題重視）

述語論理の各種定義や定理の解説に関しては，できるだけ多くの直感的な〈例〉を掲載するように配慮しています．各種定理の証明については，すでに多くの書籍に掲載されており，また，その証明を大学 2, 3 年生が講義の中で理解することは時間的にも無理があるため，思い切って切り捨てます．その代わりにそれらの定理の意味がわかりやすくなるような〈例〉を多数用意しました．

これら数理論理学の基礎を解説した後，本書では，知的エージェントが行う合理的な行為を推論する意思決定機構の原理となる様相論理について解説します．日常生活に関する多くの推論には，その推論が行われる状況や時間の前後関係などのさまざまな要因が含まれます．例えば，「彼は，システムエンジニアになるかもしれない」のような，やがてそうなりうる可能性を持つ「可能性」や「彼は，いつも積極的である」のような，それ以外ではありえない「必然性」などを扱うことが必要となります．しかし，命題論理や一階述語論理では，このような状況の変化を扱うことはできません．様相論理とは，このような物事

[†] 本書に登場する「ちびまる子ちゃん」は，さくらももこ氏の著作物です．

の有り様や様子,「可能性」や「必然性」などを扱うことのできる論理です.

様相論理は,命題論理や述語論理をベースにした論理です.したがって,様相論理を学習することで,命題論理や述語論理のより深い理解にもつながります.本書では目的を達成する「合理的エージェント」を〈例〉として,そのようなエージェントが備えるべき性質を様相論理を用いて形式的に表現する方法を学びます.形式的記述の学習効果として,論理的思考の訓練になるとともに,厳密に記述することを目指すことで,まぎれのない議論ができるようになります.

本 書 の 構 成

本書で学習する各章の内容を簡単にまとめておきます.

1章は,集合に関する基礎的な内容です.それ以降の章で多用する集合に関する各種表記方法に疑問が生じた際に,辞書的な使い方をすることを意図しています.

2章から6章を順番に学習することで,数理論理学の内容が基礎から無理なく習得できます.ただし,7章は後回しにせず,できれば3,4章の述語論理の内容とPrologプログラミングの内容を並行に学習されることをおすすめします.

2章では,数理論理学の中でも最も基本的な命題論理について学習します.

3章では,個別の「ものごと」を明記し「ものごと」の性質や複数の「ものごと」の間の関係,「ものごと」の量に関する知識を表現できる述語論理について学習します.

4章では,Prologなど論理型言語の基本原理となっている導出原理について学習します.

5章では,状況や場面や時刻に依存して真偽が変化する命題を扱うことができるさまざまな様相論理について学習します.

6章では,様相論理の一つであるBDI logicの論理式を用いて合理的エージェントの振舞いを厳密に記述します.この記述例を用いて形式的な記述のメリットについて学習します.

7 章は Prolog 入門です。Prolog の処理系である SWI–Prolog を各種 OS ごとにインストールする方法を解説し，SWI–Prolog を使って簡単な Prolog プログラミング方法を学習します。

なお，本書を使った講義用の資料，本書に掲載した図，様相論理に関する定理の証明などの補足資料を案内するページを Web 上に用意しました。下記の URL を参照してください。

http://www.info.kindai.ac.jp/MLRA/

2014 年 8 月

著　者

目 次

1. 集　　合

1.1　集合の表し方 …………………………………………………………… *1*
1.2　集合の要素や集合間の関係 …………………………………………… *3*

2. 命 題 論 理

2.1　命題論理の構文論 ……………………………………………………… *9*
　　2.1.1　命題論理の論理式 ……………………………………………… *10*
　　2.1.2　演算子の優先順位を用いた論理式の省略形 ………………… *13*
2.2　命題論理の意味論 ……………………………………………………… *14*
　　2.2.1　命題論理の意味領域 …………………………………………… *15*
　　2.2.2　命題論理の解釈 ………………………………………………… *16*
　　2.2.3　命題論理の論理式の性質（恒真，充足可能，充足不能）……… *19*
2.3　命題論理の論理式の等価性 …………………………………………… *20*
2.4　タブローの方法 ………………………………………………………… *23*
　　2.4.1　タブローの方法の概要 ………………………………………… *23*
　　2.4.2　タブローの構成 ………………………………………………… *24*
　　2.4.3　構成規則の適用順序 …………………………………………… *35*
　　2.4.4　タブローによる論理式の恒真性の証明方法 ………………… *37*
　　2.4.5　タブローの方法の健全性と完全性 …………………………… *40*
2.5　命題論理の公理と推論規則 …………………………………………… *40*

演習問題 ……………………………………………………………… 44

3. 述語論理

3.1 述語論理の構文論 ………………………………………………… 45
    3.1.1 述語とは ……………………………………………… 46
    3.1.2 述語論理で用いる記号と arity ……………………… 46
3.2 述語論理の意味論 ………………………………………………… 55
    3.2.1 対象領域と割当て ……………………………………… 55
    3.2.2 述語論理の解釈 ………………………………………… 61
    3.2.3 述語論理の論理式の性質（恒真，充足可能，充足不能）とモデル 65
3.3 述語論理の論理式の等価性 ……………………………………… 66
    3.3.1 等価性の定義 …………………………………………… 66
    3.3.2 限定子を含む等価な論理式 …………………………… 69
    3.3.3 等価な論理式一覧（変換規則） ……………………… 74
演習問題 ……………………………………………………………… 75

4. 導出原理

4.1 論理式の標準形 …………………………………………………… 77
    4.1.1 冠頭標準形 ……………………………………………… 78
    4.1.2 冠頭連言標準形 ………………………………………… 80
    4.1.3 スコーレム標準形 ……………………………………… 82
    4.1.4 節集合 …………………………………………………… 87
4.2 導出原理による推論 ……………………………………………… 89
    4.2.1 導出原理の概要 ………………………………………… 89
    4.2.2 単一化と mgu …………………………………………… 92

| 4.2.3　導出原理を用いた推論手順 ·· 97
| 4.3　導出原理の健全性と完全性 ·· 104
| 4.3.1　エルブラン解釈 ·· 104
| 4.3.2　エルブランの定理 ·· 109
| 演　習　問　題 ·· 111

5.　様　相　論　理

5.1　命題様相論理 ·· 114
  5.1.1　様相演算子 ·· 115
  5.1.2　命題様相論理の構文論 ·· 115
  5.1.3　可能世界を用いた意味論 ·· 117
  5.1.4　命題様相論理の論理式の性質 ·· 120
  5.1.5　体　　系　　K ·· 121
  5.1.6　いろいろな様相論理 ·· 123
  5.1.7　恒真な論理式と到達可能関係 ·· 124
5.2　命題線形時間時相論理 ·· 125
  5.2.1　時相オペレータ ·· 126
  5.2.2　PLTLの構文論 ·· 127
  5.2.3　PLTLの意味論 ·· 128
5.3　命題分岐時間時相論理 CTL ·· 129
  5.3.1　経路限定子 ·· 130
  5.3.2　CTLの構文論 ·· 131
  5.3.3　CTLの意味論 ·· 131
5.4　命題分岐時間時相論理 CTL* ·· 134
  5.4.1　CTL*の構文論 ·· 134
  5.4.2　CTL*の意味論 ·· 135

5.5 命題信念様相論理 ·· 137
   5.5.1 信念オペレータ ·· 137
   5.5.2 命題信念様相論理の構文論 ·· 137
   5.5.3 命題信念様相論理の意味論 ·· 138
   5.5.4 命題信念様相論理の体系 ··· 138
演 習 問 題 ··· 141

6. 合理的エージェント

6.1 意図の理論の概要 ··· 142
   6.1.1 意　　　図 ·· 142
   6.1.2 計　　　画 ·· 143
   6.1.3 意図の理論の概要 ··· 144
6.2 BDI logic ··· 145
   6.2.1 心的状態の様相演算子 ··· 145
   6.2.2 CTL*の拡張モデル ··· 146
   6.2.3 心的状態の様相と時相様相の二重構造の世界 ··················· 147
   6.2.4 イベントに関する論理式 ·· 149
   6.2.5 BDI logic の構文論 ··· 150
   6.2.6 BDI logic の意味論 ··· 151
6.3 合理的エージェントの振舞い ·· 154
   6.3.1 実 践 的 推 論 ·· 154
   6.3.2 実践的推論の事例 ··· 155
   6.3.3 実践的推論に関する BDI logic を用いた記述例 ··············· 157
   6.3.4 意 図 の 実 行 ·· 157
   6.3.5 意図の実行に関する BDI logic を用いた記述例 ··············· 158
6.4 コミットメント戦略の振舞い ······································· 158

- 6.4.1 コミットメント戦略 ……………………………………… 158
- 6.4.2 BDI logic を用いた記述例 ………………………………… 159
- 6.4.3 意図の実行例 …………………………………………… 159
- 6.5 心的状態の整合性とモデルの制限 ……………………………… 160
  - 6.5.1 強い現実主義 …………………………………………… 160
  - 6.5.2 虫歯治療の事例 ………………………………………… 161
  - 6.5.3 心的状態の整合性の適用範囲 …………………………… 162
- 6.6 形式化のメリット ……………………………………………… 163

7. Prolog

- 7.1 Prolog の処理系 SWI–Prolog ………………………………… 164
  - 7.1.1 SWI–Prolog の入手方法 ………………………………… 165
  - 7.1.2 SWI–Prolog のインストール方法 ………………………… 165
  - 7.1.3 専用フォルダの準備と SWI–Prolog の起動方法 ………… 168
- 7.2 簡単なプログラムによる Prolog プログラミング ……………… 169
  - 7.2.1 Prolog プログラム ……………………………………… 169
  - 7.2.2 プログラムの読込み …………………………………… 170
  - 7.2.3 プログラムに誤りがある場合の対応 …………………… 171
  - 7.2.4 プログラムの表示（listing）…………………………… 172
  - 7.2.5 プログラムの利用方法 1（ゴール節による問合せ）…… 173
  - 7.2.6 プログラムの利用方法 2（変数を含むゴール節）……… 174
- 7.3 一般的な確定節 ……………………………………………… 176
  - 7.3.1 規則の導入 …………………………………………… 177
  - 7.3.2 コ メ ン ト ……………………………………………… 179
  - 7.3.3 複合的な条件の表現方法 ……………………………… 179
  - 7.3.4 \= と = ………………………………………………… 181

- 7.3.5 確定節，事実節，ゴール節，ホーン節 ……………………… *182*
- 7.4 プログラムの手続的解釈とSLD導出 ……………………………… *183*
  - 7.4.1 手続き定義としての確定節と，手続き呼出しとしてのゴール節 · *183*
  - 7.4.2 SLD 導 出 ………………………………………………… *183*
  - 7.4.3 プログラムの実行順序 ……………………………………… *185*
- 7.5 再 帰 処 理 ………………………………………………………… *186*
  - 7.5.1 バックトラック ……………………………………………… *187*
  - 7.5.2 再帰処理を書く際の方針 ……………………………………… *189*
- 7.6 リ ス ト 処 理 ……………………………………………………… *190*
  - 7.6.1 リスト処理に用いられる項 [Head | Tail] ………………… *190*
  - 7.6.2 リストに対する再帰処理 ……………………………………… *192*
- 7.7 宣言的プログラミング …………………………………………… *194*
- 7.8 バックトラック制御用述語 カット（cut）「 ！ 」 ………………… *199*
- 7.9 算術演算を含むプログラムとカット ……………………………… *202*
- 演 習 問 題 …………………………………………………………… *204*

引用・参考文献 ……………………………………………………… *206*
索　　　　引 ………………………………………………………… *208*

1 集　　合

　これから数理論理学に関するさまざまな事項を学習していきますが，その中で集合に関する多くの用語，記法などの基礎知識を用います．すでに中学，高校，大学の数学の授業で学習している内容ですが，本書を読み進める準備として，集合に関する諸概念を復習します．

1.1　集合の表し方

　集合 (set) とは，明確に定義された「もの」の集まりのことです．ここでいう「もの」とは，自動車や動物など現実のもののほか，整数，実数など概念上のものを含みます．例えば"自然数"のように「もの」の個数が無限個になる場合も含め，明示的にそれがなんであるかを特定できるものに限ります．本節では，集合を表記する方法を学習します．

外延的記法

　集合を表記するときに最も簡単な方法は，それに属するものを直接書き並べることです．例えば，りんご，みかん，バナナの三つの果物からなる集合は単に，式 (1.1) のように書くことができます．

$$\{ りんご, みかん, バナナ \} \tag{1.1}$$

　このような集合の書き方を外延的記法といいます．この集合に対して，りんご，みかん，バナナはこの集合の**要素**または**元**といいます．

　なお，重複する要素は一つとみなして，{ りんご, みかん, バナナ, りんご }

は式 (1.1) の集合と等しい集合になります。また，各要素は順序付けられていないので，{ バナナ, みかん, りんご } も式 (1.1) と等しい集合になります。集合の等しさ（=）については 1.2 節で正確に定義します。

内包的記法

外延的記法では，すべての果物からなる集合を書こうとするとちょっと困ります。

$$\{ りんご, みかん, バナナ, キウイ, パパイヤ, パイナップル, \cdots \}$$

キリがないですね。こういうときに便利なのが内包的記法と呼ばれる，式 (1.2) のような書き方です。

$$\{ x \mid x は果物 \} \tag{1.2}$$

縦棒 "|" の左側に集合の要素を表す変数（x でも y でもなんでも構いません）を，右側にその要素が満たすべき条件を書きます。

空集合 ($\emptyset$)

なにも要素を持たない集合，あえて外延的記法で書くと {} となるのですが，これを 1 文字で $\emptyset$ と書きます。

特別な意味を持つ集合

空集合 $\emptyset$ 以外にも数学でよく使用される特別な意味を持つ集合がいくつかあります。それらの表記方法を **表 1.1** にまとめておきます。

表 1.1 特別な意味を持つ集合の表記方法

集合を表す記号	集合の種類	使用例 (その意味)
$\mathbb{N}$	自然数全体の集合	$n \in \mathbb{N}$ (n は自然数)
$\mathbb{Z}$	整数全体の集合	$z \in \mathbb{Z}$ (z は整数)
$\mathbb{R}$	実数数全体の集合	$r \in \mathbb{R}$ (r は実数)
$\mathbb{Q}$	有理数全体の集合	$q \in \mathbb{Q}$ (q は有理数)

本書では，これら以外にも特別な集合がこの後にいくつか登場します。例えば，真理値の集合 $\mathbb{B}$ (p. 15) や，論理式全体の集合 $\mathbb{E}$ (p. 11) などです。これらのように「特別な意味を持つ集合」を，本書では白抜きのボールド体フォント[†]で表記します。

1.2 集合の要素や集合間の関係

ある集合が与えられたとき，ある「もの」がその集合の要素か否かを明示したり，ある集合が別の集合に含まれるか否かの包含関係を明示したり，複数の集合から新たな集合を求めたりするなど，集合に対してさまざまな操作を行うことができます。本節では集合に対するこれらの操作の表記方法についてまとめます。

要素と集合の関係（$\in$）

ある「もの」 x がある集合 X の要素であることを，$x \in X$ のように表します。例えば，りんごが式 (1.1) の集合の要素であることを，式 (1.3) のように書きます。

$$\text{りんご} \in \{\, \text{りんご, みかん, バナナ} \,\} \tag{1.3}$$

もちろん，りんご $\in \{x \mid x \text{ は果物}\}$ のように，内包的記法にも有効です。

部分集合（$\subseteq$）

ある集合 X のすべての要素がある集合 Y の要素になっているとき，$X \subseteq Y$ と書き，X は Y の部分集合であるといいます。例えば，りんご，みかん，バナナはすべて果物ですので式 (1.2) の要素でもあります。したがって，式 (1.4) のように書くことができます。

[†] フォントとは，印刷・画面表示用の文字の形のことで，例えば太文字の**ボールド体フォ**ントや斜体の *Italic Font*，それ以外にもさまざまなフォントがコンピュータでは使用できます。

$$\{ \text{りんご, みかん, バナナ} \} \subseteq \{ x \mid x \text{ は果物} \} \tag{1.4}$$

なお，空集合 $\emptyset$ はあらゆる集合の部分集合になることを覚えておいてください。

集合間の等しさ（=）

集合 X が集合 Y の部分集合（$X \subseteq Y$）であり，しかも Y が X の部分集合（$Y \subseteq X$）のとき，X と Y はたがいに等しい集合といい，$X = Y$ と書きます。

真部分集合（$\subsetneq$）

集合 X が集合 Y の部分集合であり，しかも Y が X の要素以外の要素も含んでいるとき，つまり X と Y が等しくないとき $X \subsetneq Y$ と書き，X は Y の真部分集合であるといいます。例えば，式(1.2)の集合は明らかに，りんご，みかん，バナナ以外の果物も要素としているので，式(1.5)のように書くことができます。

$$\{ \text{りんご, みかん, バナナ} \} \subsetneq \{ x \mid x \text{ は果物} \} \tag{1.5}$$

部分集合 $\subseteq$ と真部分集合 $\subsetneq$ の違い

部分集合，真部分集合とも同じ集合を使って説明したので混乱したかもしれませんが，「ある集合 X のすべての要素がある集合 Y の要素」が部分集合の定義ですので

$$\{ \text{りんご, みかん, バナナ} \} \subseteq \{ \text{りんご, みかん, バナナ} \} \tag{1.6}$$

は正しい式です。しかし，式(1.6)の右辺の集合の要素は左辺の集合の要素以外の要素を含まないので

$$\{ \text{りんご, みかん, バナナ} \} \subsetneq \{ \text{りんご, みかん, バナナ} \} \tag{1.7}$$

は誤った式です。$\{$ りんご, みかん, バナナ $\} \subsetneq \{$ りんご, みかん, バナナ, キ

ウイ } なら正しい式になります．つまり部分集合の場合は両辺が同じ集合でも構いませんが，真部分集合では両辺が同じ集合では許されないということになります．

ここで，正しい式，誤った式，許される，許されないという言い方をしましたが，正確には「成り立つ」「成り立たない」，あるいは「真である」「偽である」という言い方をしなければなりません．このあたりになると論理学の話題になってしまいますので，詳しくは2章で学習します．

和集合 (∪)

集合 X と集合 Y の要素をすべて要素として持ち，それら以外の要素を持たない集合を X と Y の和集合といい，式 (1.8) のように書きます．

$$X \cup Y \tag{1.8}$$

例えば，集合 { りんご，みかん，バナナ } と集合 { りんご，キウイ，パイナップル } の和集合を Z とすると，式 (1.9) のようになります．

$$\begin{aligned} Z &= \{\text{りんご，みかん，バナナ}\} \cup \{\text{りんご，キウイ，パイナップル}\} \\ &= \{\text{りんご，みかん，バナナ，キウイ，パイナップル}\} \end{aligned} \tag{1.9}$$

積集合 (∩)

集合 X と集合 Y の共通の要素をすべて要素として持ち，それら以外の要素を持たない集合を式 (1.10) のように書き，この集合を X と Y の積集合と呼びます．

$$X \cap Y \tag{1.10}$$

例えば，集合 { りんご，みかん，バナナ } と集合 { りんご，キウイ，パイナップル } の積集合を Z とすると，式 (1.11) のようになります．

$$\begin{aligned} Z &= \{\text{りんご，みかん，バナナ}\} \cap \{\text{りんご，キウイ，パイナップル}\} \\ &= \{\text{りんご}\} \end{aligned} \tag{1.11}$$

冪集合 (2^X)

集合 X のすべての部分集合からなる集合を X の冪集合 (power set) といい，2^X と書きます。例えば，式 (1.1) の集合 { りんご, みかん, バナナ } を X とすると，2^X は式 (1.12) のようになります。

$$2^X = \{\emptyset, \{ りんご \}, \{ みかん \}, \{ バナナ \}, \{ りんご, みかん \},$$
$$\{ りんご, バナナ \}, \{ みかん, バナナ \},$$
$$\{ りんご, みかん, バナナ \}\} \tag{1.12}$$

タプル ($\langle x, y, z, \cdots \rangle$)

複数の要素 $x, y, z, \cdots$ の順序付けられたものをタプル (組) といい，$\langle x, y, z, \cdots \rangle$ と書きます。集合と違い各要素には順番があるので，$\langle$ りんご, みかん, バナナ $\rangle$ と $\langle$ バナナ, みかん, りんご $\rangle$ は異なるタプルになります。また，タプルでは，$\langle$ りんご, みかん, バナナ, みかん $\rangle$ のように要素の重複も許されます。

直積 ($\times$)

集合 X と集合 Y の直積とは，それぞれの集合の要素からできるタプルをすべて集めた集合で，正確には式 (1.13) のように定義されます。

$$X \times Y = \{\langle x, y \rangle \mid x \in X, y \in Y\} \tag{1.13}$$

X を式 (1.1) の集合 { りんご, みかん, バナナ }，Y を $\{80, 30, 100\}$ という集合とするとき，X と Y の直積は式 (1.14) のようになります。

$$X \times Y = \{\langle りんご, 80 \rangle, \langle りんご, 30 \rangle, \langle りんご, 100 \rangle,$$
$$\langle みかん, 80 \rangle, \langle みかん, 30 \rangle, \langle みかん, 100 \rangle,$$
$$\langle バナナ, 80 \rangle, \langle バナナ, 30 \rangle, \langle バナナ, 100 \rangle\} \tag{1.14}$$

三つ以上の集合に対しても直積は定義され，例えば集合 W, X, Y, Z の直積は式 (1.15) のようになります。

$$W \times X \times Y \times Z = \{\langle w, x, y, z \rangle \mid w \in W, x \in X, y \in Y, z \in Z\}$$
(1.15)

また，同じ集合 X に対する 2 回以上の直積を，冪乗の記法を使って以下のように表記します．

$$X \times X = X^2, \quad X \times X \times X = X^3, \cdots$$

二項関係（$\mathcal{R}$）

集合 X と集合 Y の直積 $X \times Y$ の部分集合 $\mathcal{R}$ を，X と Y の間の二項関係といいます．特に，$X = Y$ であるとき，$\mathcal{R}$ を集合 X（または集合 Y）上の二項関係といいます．例えば，実数全体の集合 $\mathbb{R}$ における大小関係に基づく " $<$ " は，二項関係の観点から説明すると以下のように定義される $\mathbb{R}$ 上の二項関係です．

$$< \ = \{\langle x, y \rangle \mid x \in \mathbb{R}, y \in \mathbb{R}, x \text{ は } y \text{ より小さい}\}$$
(1.16)

このとき上記の集合が，$\mathbb{R} \times \mathbb{R}$ つまり $\{\langle x, y \rangle \mid x \in \mathbb{R}, y \in \mathbb{R}\}$ の部分集合になっていることがわかります．

また，ある要素 $x \in X$ と $y \in Y$ のタプル $\langle x, y \rangle$ が二項関係 $\mathcal{R}$ の要素であるとき，x と y は $\mathcal{R}$ の関係にあるといい，$x \mathcal{R} y$ と書きます．例えば 3.8 は 4.2 より小さいので $\langle 3.8, 4.2 \rangle$ というタプルは式 (1.16) で定義された集合の要素であることから，$3.8 < 4.2$ と書きます．

同 値 関 係

X を $x_1, x_2, \ldots$ という要素からなる集合とします．例えば，X を整数全体の集合 $\mathbb{Z}$ とするとき，$x_1 = x_2$（値が一致），$x_1 < x_2$（値が小さい）など，集合 X 上でさまざまな二項関係を定義することができます．二項関係が，反射，対称，推移と呼ばれる下記のような三つの性質を満たすとき同値関係であるといいます．

定義 1.1（同値関係） 集合 X 上の二項関係 $\mathcal{R}$ が次の三つの性質を満たすとき，$\mathcal{R}$ は X 上の同値関係であるという．

> **反射律**： X の任意の要素 x に対して「$x\mathcal{R}x$」
>
> **対称律**： X の任意の要素 x_1 と x_2 に対して
> 「$x_1\mathcal{R}x_2$ ならば $x_2\mathcal{R}x_1$」
>
> **推移律**： X の任意の要素 x_1, x_2, x_3 に対して
> 「$x_1\mathcal{R}x_2$ かつ $x_2\mathcal{R}x_3$ ならば $x_1\mathcal{R}x_3$」

同値関係については，3 章の最後で等価な論理式を学習するときに必要になります。

2 命題論理

われわれは普段，さまざまな知識を用いて行動しています。「もし雨が降れば傘をさすべきである」という知識や「もし雨が降りかつ風が強ければレインコートを着るべきである」という知識などです。われわれはこのような，ある状況ならばどうするべきかという判断に if–then 規則を用いています。

そこで，ロボットにもこのような状況に適した判断を行わせるには，if–then 規則を知識として持たせる必要があります。そのために，このような規則を論理式と呼ばれる形式的な表現で記述します。すると，「その論理式が満たされればある行動をすべきである」という条件判定ができるようになります。

さまざまな知識を形式的に表現し，それらの知識を基に結論を導き出す方法として論理学と呼ばれる学問が，コンピュータが登場する前から研究されてきました。論理学では先ほどの例は，「雨が降っているならば傘をさすべきである」，そして「雨が降っている」という前提から最終的に「傘をさすべきである」という三段論法と呼ばれる手順で結論を導きます。

論理には表現できる文の多様性に応じてさまざまな種類があり，本書ではその中でも人工知能の分野で広く使われている述語論理と様相論理の理解を目的としています。本章では，これらの論理の基礎となっている命題論理について学習します。

2.1 命題論理の構文論

命題 (proposition) とは，「雨が降っている」とか「風が強い」，「レインコートを着るべきである」といったように，その真偽を確定できる文のことです。このような基本的な文から始めて，『「雨が降っている」かつ「風が強い」ならば「レインコートを着るべきである」』という複文を作ることができます。基本的

な文も複文も真偽を定めることができる命題です．このような命題はいくらでも好きなだけ作ることができますが，ここで興味があるのはそれらの命題を正しく構成する規則と，それらの命題に対する真偽の求め方です．前者を**構文論** (syntax)，後者を**意味論** (semantics) といいます．本節では命題論理の構文論について学習します．

2.1.1 命題論理の論理式

命題はいくらでも作ることはできますが，それらを個別に議論することは得策ではありません．例えば『「雨が降っている」ならば「傘をさすべきである」』という命題と，『「気温が低い」ならば「セーターを着るべきである」』という命題は双方とも，命題変数と呼ばれる p や q という記号と，論理演算子と呼ばれる $\supset$ という記号を用いて，$p \supset q$ というように抽象的に記述できます．論理式とはこのように個々の命題を抽象化した文です．

定義 2.1（**命題変数**）　個々の命題を抽象的に表す p や q などの文字を**命題変数**と呼ぶ．本章では命題変数に p, q, r の三つの小文字アルファベットと，それらに添字を付けた p_1, q_2 などの記号を用いる．また，すべての命題変数の集合を本章では $\mathbb{P}$ と表記する．

論理式を規則に従って正しく構成し，あらかじめ定められた方法でその論理式の真偽を判定してから p や q に具体的な命題を入れることで，元の命題の真偽を判定することができます．そこでまずは，論理式を正確に定義することから始めましょう．

定義 2.2（**論理演算子**）　命題論理の論理式を組み立てるための演算子を，表 2.1 によって定める．これらを**論理演算子** (logical operator) と呼ぶ．

表 2.1　論理演算子

演算子	名　前	使用例（その読み方）
¬	否　定	$\neg p$ (p ではない)
∧	論理積	$p \wedge q$ (p かつ q)
∨	論理和	$p \vee q$ (p または q)
⊃	含　意	$p \supset q$ (p ならば q)

　論理学の教科書では含意に → 記号を使っているものも多いのですが，本書では ⊃ で統一します。数学の教科書では ⊃ を部分集合を表す二項関係のために使いますが，本書では部分集合を表すには ⊆ や ⊊ を使い明確に区別します。

　命題変数と表 2.1 に示した演算子を用いて，**命題論理の論理式**は次のように定義されます。

定義 2.3（命題論理の論理式と構文領域 $\mathbb{E}_{pro}$）[†1]

1. 命題変数 p は命題論理の論理式である。
2. E_1, E_2 が命題論理の論理式であるとき，次の各式は命題論理の論理式である。

$$(\neg E_1), \quad (E_1 \wedge E_2), \quad (E_1 \vee E_2), \quad (E_1 \supset E_2)$$

命題論理の論理式[†2] を抽象的に表現するために，以降 E, F, G の三つの大文字アルファベットと，それらに添字を付けた E_1, F_2 などの記号を用いる。なお，論理式の一番外側の括弧（ ）は，混乱のない限り省略できる。

　また，命題論理のすべての論理式からなる集合を本書では $\mathbb{E}_{pro}$ で表す。$\mathbb{E}_{pro}$ を命題論理の**構文領域**と呼ぶ。

[†1] 定義 2.3 では，論理式の定義の中に論理式という用語が使われています。このような定義を再帰的な定義と呼びます。

[†2] 本書で扱う論理式には命題論理の論理式，述語論理の論理式，様相論理の論理式がありますが，混乱が生じない限り単に論理式と呼ぶことにします。

〈例 2.1〉 論理式の一番外側の括弧 ( ) を省略して書きます。定義 2.3 の規則 1. によると，命題変数 p や q はそれぞれ論理式です。すると規則 2. によって，$\neg p$ や $p \vee q$, $p \supset q$ なども論理式になります。これらが論理式であることからさらに規則 2. を使うことにより，$\neg(p \vee q)$ や $(\neg(p \vee q)) \supset ((\neg p) \wedge (\neg q))$ などといった，より複雑な式も論理式となります。

定義 2.4（部分論理式） 命題論理の論理式 F を構成する部分論理式を以下のように定義する。

1. F 自身は F の部分論理式である。
2. 命題論理の論理式 E に対し，$F = (\neg E)$ のとき E の部分論理式は F の部分論理式である。
3. 命題論理の論理式 E_1, E_2 に対し，F が次のいずれかの形をした論理式であるとき，E_1 の部分論理式と E_2 の部分論理式は F の部分論理式である。

$$(E_1 \wedge E_2), \quad (E_1 \vee E_2), \quad (E_1 \supset E_2)$$

論理式 F の部分論理式とは，定義 2.3 に沿って F を構成するような，F の一部となる論理式です。定義 2.4 に沿ってどのように論理式が部分論理式に分解されるか具体例で見てみましょう。

〈例 2.2〉 $F = (\neg(p \vee q)) \supset ((\neg p) \wedge (\neg q))$ とします。F の部分論理式は以下のように求まります。

(1) 定義 2.4 の規則 1. により F 自身，つまり $(\neg(p \vee q)) \supset ((\neg p) \wedge (\neg q))$ は F の部分論理式です。

(2) 規則 3. より，$\neg(p \vee q)$ と $(\neg p) \wedge (\neg q)$ の部分論理式は F の部分論理式であり，規則 1. より $\neg(p \vee q)$ と $(\neg p) \wedge (\neg q)$ はそれぞれ $\neg(p \vee q)$ と $(\neg p) \wedge (\neg q)$ の部分論理式なので，これらは F の部分論理式となります。

(3) 規則 2. より $p \vee q$ は $\neg(p \vee q)$ の部分論理式なので，$p \vee q$ は F の部分論理式です．

(4) p と q は $p \vee q$ の部分論理式なので，p と q は $\neg(p \vee q)$ の部分論理式です．したがって，p と q は F の部分論理式です．

(5) (2) に戻って，$\neg p$ と $\neg q$ は $(\neg p) \wedge (\neg q)$ の部分論理式なので，$\neg p$ と $\neg q$ は F の部分論理式です．p と q は (4) より F の部分論理式ですので，以上で F の部分論理式がすべて求まりました．

2.1.2 演算子の優先順位を用いた論理式の省略形

定義 2.2 に現れる $\neg$ 以外の演算子は二項演算子なので，必ず二つの論理式の中間に置かれます．例えば，$p \vee (q \wedge r)$ という論理式では，q と r の間に $\wedge$ が置かれ，さらに p と $(q \wedge r)$ の間に $\vee$ が置かれています．したがって，$p \vee q \wedge r$ などといった表記は 定義 2.3 からは得られません．しかし，括弧（ ）の多い表記は見にくいため，各演算子間に**優先順位**を定義することにより，括弧（ ）を省略して，もう少し論理式を簡潔に書くことができます．先の例でいえば $\wedge$ の順位を $\vee$ より上にすることで，$p \vee (q \wedge r)$ という論理式は $p \vee q \wedge r$ と書くことができます†．各論理演算子間の優先順位を 定義 2.5 により定めます．

定義 2.5（論理演算子間の優先順位（$\prec$））　論理演算子間の優先順位を表す記号を $\prec$ とする．各演算子間の順序を以下のように定める．

$$\supset \prec \vee \prec \wedge \prec \neg$$

また，$\supset$ は右に結合し，$\vee$ と $\wedge$ は左に結合するものとする．これらの規則に従って括弧（ ）を省略した形に書き換えられた表記も論理式とする．

---

† 算数で $+$ と $\times$ では $\times$ のほうが優先順位が上なので，$3 + (4 \times 5)$ を $3 + 4 \times 5$ と括弧（ ）を省略して書くことができるのと同じです．

右に結合するとは，$E \supset F \supset G$ が $E \supset (F \supset G)$ の省略形であることを意味し，左に結合するとは，$E \vee F \vee G$ が $(E \vee F) \vee G$ の省略形であることを意味します。優先順位に基づく論理式の省略形を具体例で見てみましょう。

〈例 2.3〉 括弧を省略した論理式をいくつか挙げ，定義 2.5 の順序に基づき正しい結合順序を示す括弧を省略しない論理式を表 **2.2** に示します。

表 **2.2** 定義 2.5 に従って括弧を省略した論理式の例

括弧を省略した論理式	元の論理式
$p \supset q \vee r$	$(p \supset (q \vee r))$
$p \vee q \wedge r$	$(p \vee (q \wedge r))$
$\neg p \wedge q$	$((\neg p) \wedge q)$
$p \supset q \supset r$	$(p \supset (q \supset r))$
$p \vee q \vee r$	$((p \vee q) \vee r)$
$p \wedge q \wedge r$	$((p \wedge q) \wedge r)$

なお，括弧を省略した論理式の部分論理式を求めるには，一旦，括弧を省略する前の論理式に戻してから定義 2.4 を適用します。例えば，$p \vee q \wedge r$ の部分論理式は $(p \vee (q \wedge r))$ の部分論理式なので，$p \vee q \wedge r$ 自身と p，$q \wedge r$，q，r だけです。$p \vee q$ は $p \vee q \wedge r$ の部分論理式にならないことに注意してください。

2.2 命題論理の意味論

例えば，$p \vee q$ という論理式は「p または q」と読み，その意味するところは高校数学で論理学を習った記憶がある人ならばなんとなく，「p と q のどちらかが成り立っていればよかったんだっけ」と思い出すことができるでしょう。しかし，ロボットやコンピュータなどの機械にとって論理式はただの文字列でしかなく，その論理式が入力されたからといって人間のように経験に基づいて「よかったんだっけ」などと考えることはできません。それらの文字列に形式的に意味を与えることによって初めて機械的な判断が可能となります。

どのように複雑な論理式でも，その意味は**真** (true) と**偽** (false) のどちらかになります。そして，それぞれの論理式に真または偽を対応させることを**解釈** (interpretation) といいます。つまり解釈とは，論理式を引数とし，その真偽を返り値とする関数です。この解釈という関数を定義し，論理式に意味を与える方法を**意味論**といい，論理式を作る方法を与える構文論とは明確に分けて考える必要があります。

本節では 定義 2.3 によって与えられるあらゆる論理式に対して，人間的な直感に頼らずその意味を正確に与えるための，命題論理の意味論について学習します。

2.2.1 命題論理の意味領域

関数である解釈の定義域は論理式全体の集合 $\mathbb{E}_{pro}$，つまり 定義 2.3 で述べた命題論理の構文領域です。そしてこの関数の値域は，真理値と呼ばれる要素からなる集合です。

定義 2.6（**真理値**）　　論理式が取り得る値を**真理値** (truth value) と呼び，その範囲は真と偽からなる。真偽を表す記号を**表 2.3** によって定める。

表 2.3　真　理　値

値を表す記号	呼び方
$\top$	真
$\bot$	偽

また，真理値の集合を $\mathbb{B}\,(=\{\top, \bot\})$ とし，これを命題論理の**意味領域** (semantic domain) と呼ぶ。$\mathbb{B}$ の要素，すなわち $\top$ または $\bot$ を抽象的に表すために，本書ではアルファベット大文字の B または B に添字を付けた B_1, B_2 などの記号を用いる。なお，本書では混乱がない限り，真理値を単に**値**と書くことがある。

2.2.2 命題論理の解釈

どんなに複雑な命題論理の論理式でも，その真偽はその中に現れる命題変数の真偽によって決まります。ここではまず，命題変数への真理値割当てを定義し，それを用いて命題論理の論理式に対する解釈を定義します。

> **定義 2.7**（真理値割当て $\mathcal{A}$）　命題変数の集合 $\mathbb{P}$ から命題論理の意味領域 $\mathbb{B}$ への関数を，**真理値割当て** (truth assignment) という。本書では，真理値割当てを大文字アルファベット $\mathcal{A}$ または添字を付けた $\mathcal{A}_1, \mathcal{A}_2$ などの記号で表記する。

$\mathcal{A}$ は，割当てを意味する英単語 Assignment の頭文字です。例えば

$$\mathcal{A}(p_1) = \top, \quad \mathcal{A}(p_2) = \bot, \quad \mathcal{A}(p_3) = \top, \ldots$$

のように定められる関数 $\mathcal{A}$ は，一つの真理値割当てです。各命題変数にどの真理値を割り当てるかによって，真理値割当ては複数存在します。例えば，注目している命題変数が p_1, p_2 の二つの場合，真理値割当ては**表 2.4** に示すように $\mathcal{A}_0 \sim \mathcal{A}_3$ の 4 種類になります[†]。同様に，注目している命題変数が p_1, p_2, p_3 の三つの場合は**表 2.5** に示すように $\mathcal{A}$ は 8 種類になります。

表 2.4　二つの命題変数に対する割当て例

$\mathcal{A}$	p_1	p_2
$\mathcal{A}_0$	$\bot$	$\bot$
$\mathcal{A}_1$	$\bot$	$\top$
$\mathcal{A}_2$	$\top$	$\bot$
$\mathcal{A}_3$	$\top$	$\top$

表 2.5　三つの命題変数に対する割当て例

$\mathcal{A}$	p_1	p_2	p_3
$\mathcal{A}_0$	$\bot$	$\bot$	$\bot$
$\mathcal{A}_1$	$\bot$	$\bot$	$\top$
$\mathcal{A}_2$	$\bot$	$\top$	$\bot$
$\vdots$	$\vdots$	$\vdots$	$\vdots$
$\mathcal{A}_7$	$\top$	$\top$	$\top$

このように，注目する命題変数の数が n 個の場合，それらに対する真理値割当ては 2^n 種類存在します。

[†] p_1, p_2 以外の命題変数が無数にあるため，実際には真理値割当ては無数にありますが，p_1, p_2 以外の変数に対する割当てを無視することによって，4 種類に限定できます。

> **定義 2.8**（命題論理の解釈 I）　$\mathcal{A}$ を真理値割当てとする。命題論理の構文領域から意味領域への関数 $I_\mathcal{A}$，すなわち $I_\mathcal{A} : \mathbb{E}_{pro} \to \mathbb{B}$ を，$\mathcal{A}$ を用いて以下のように定めるとき，$I_\mathcal{A}$ を命題論理の解釈という。なお，下記の定義において，$F, E_1, E_2 \in \mathbb{E}_{pro}$ とする。
> 1. F が命題変数の場合：$I_\mathcal{A}(F) = \mathcal{A}(F)$
> 2. F が，$\neg E_1$, $E_1 \wedge E_2$, $E_1 \vee E_2$, $E_1 \supset E_2$ の形をしている場合：$I_\mathcal{A}(E_1)$ および $I_\mathcal{A}(E_2)$ の値を用いて，$I_\mathcal{A}(F)$ の値を**表 2.6** によって定める。この表を**真理値表** (truth table) と呼ぶ。
>
> 表 2.6　真 理 値 表
>
> | | 1 | 2 | 3 | 4 | 5 | 6 |
> |---|---|---|---|---|---|---|
> | | $I_\mathcal{A}(E_1)$ | $I_\mathcal{A}(E_2)$ | $I_\mathcal{A}(\neg E_1)$ | $I_\mathcal{A}(E_1 \wedge E_2)$ | $I_\mathcal{A}(E_1 \vee E_2)$ | $I_\mathcal{A}(E_1 \supset E_2)$ |
> | 2 | $\bot$ | $\bot$ | $\top$ | $\bot$ | $\bot$ | $\top$ |
> | 3 | $\bot$ | $\top$ | $\top$ | $\bot$ | $\top$ | $\top$ |
> | 4 | $\top$ | $\bot$ | $\bot$ | $\bot$ | $\top$ | $\bot$ |
> | 5 | $\top$ | $\top$ | $\bot$ | $\top$ | $\top$ | $\top$ |
>
> なお，使用する真理値割当て $\mathcal{A}$ が文脈から明らかな場合，$I_\mathcal{A}$ を単に I と表記する[†]。

解釈 I は真理値割当てによって定まるので，$I_{\mathcal{A}_1}$ とか $I_{\mathcal{A}_7}$ などのように区別されます。しかし，表記が複雑になるので，使用している真理値割当てが文脈から明らかな場合や，「すべての解釈について $\cdots$」のような文脈で解釈が使われる場合，混乱が生じない限り $\mathcal{A}$ を省略して単に I と記述します。

〈例 2.4〉　定義 2.8 の使用方法を例示します。ここでは，真理値割当てとして

$$\mathcal{A}_5(p_1) = \top, \quad \mathcal{A}_5(p_2) = \bot, \quad \mathcal{A}_5(p_3) = \top$$

となるような $\mathcal{A}_5$ を選んだ場合の解釈 $I_{\mathcal{A}_5}$ について考えます。以下ではこ

---

† $\mathcal{A}$ および I という記号は，3 章で学習する述語論理においても，それぞれ割当ておよび解釈として使用しますが，文脈によって区別します。

の解釈を I と略記します。

(1) 最も単純な場合です。論理式 F が命題変数 p_1 の場合は，(定義 2.8)の 1. を使い，$I(F) = \mathcal{A}_5(p_1) = \top$ となります。

(2) 論理式 F が論理演算子を含む場合は，(定義 2.8) の 2. を使用します。例えば，$\neg p_1, p_1 \wedge p_2, p_1 \vee p_2, p_1 \supset p_2$ の解釈 I による値がそれぞれどのように求まるかを見てみましょう。$I(p_1)$, $I(p_2)$ の値は，(定義 2.8) の 1. を使って，それぞれ $I(p_1) = \top$, $I(p_2) = \bot$ と求まります。このとき，$E_1 = p_1$, $E_2 = p_2$ と置くと，表 2.6 の 4 行目を見ることによって，$I(\neg p_1) = \bot, I(p_1 \wedge p_2) = \bot, I(p_1 \vee p_2) = \top, I(p_1 \supset p_2) = \bot$ であることがわかります。

上記の $\mathcal{A}_5$ と異なる真理値割当てを選んだ場合の解釈についても，それぞれ同様に求めることができます。例えば

$$\mathcal{A}_6(p_1) = \top, \quad \mathcal{A}_6(p_2) = \top, \quad \mathcal{A}_6(p_3) = \bot$$

となるような $\mathcal{A}_6$ を選んだ場合の解釈 $I_{\mathcal{A}_6}$ について考えると，$I_{\mathcal{A}_6}(p_1 \wedge p_2)$ は，表 2.6 の 5 行目を見ることによって $\top$ と求まります。

(3) より複雑な論理式の場合も，その論理式の部分論理式の値を求めることで同様に計算できます。例えば，$F = \neg(p_1 \wedge p_2)$ の場合は，$E_1 = p_1 \wedge p_2$ と置くと $F = \neg E_1$ となり，$I(E_1) = \bot$ だったので，表 2.6 の 2 行目の 3 項目目より $I(F) = \top$ となります。$F = (p_1 \wedge p_2) \vee p_1$ の場合は，$E_1 = p_1 \wedge p_2$, $E_2 = p_1$ と置くことにより $F = E_1 \vee E_2$ となり，表 2.6 の 3 行目の 5 項目目より $I(F) = \top$ となります。

(4) 論理式に現れる命題変数が増えた場合，例えば，$F = (p_1 \wedge p_2) \supset p_3$ の場合も，論理式の形は表 2.6 の 1 行目のどれかになるので，計算方法は変わりません。F の部分論理式を $E_1 = p_1 \wedge p_2$, $E_2 = p_3$ と置くと，$F = E_1 \supset E_2$ となります。$I(E_2) = \mathcal{A}_5(p_3) = \top$ であり，$I(E_1)$ の値は $\bot$ だったので，$I(F)$ の値は，表 2.6 の 3 行目の 6 項目目より $\top$ となります。

2.2.3 命題論理の論理式の性質（恒真，充足可能，充足不能）

命題論理の論理式は，あらゆる解釈の下で常に真になるか，常に偽になるか，ある解釈の下で真になるかで 3 種類に分類されます。ここではこの分類の方法を定義し，これらの分類に関する，恒真，トートロジー，充足可能，充足不能という用語を説明します。

定義 2.9（恒真，トートロジー，充足可能，充足不能）

恒　真 (valid)： すべての解釈 I に対し $I(F) = \top$ となる論理式 F を，恒真な論理式という。

トートロジー (tautology)： 命題論理の恒真な論理式を特にトートロジーと呼ぶ。

充足可能 (satisfiable)： $I(F) = \top$ となる解釈 I が存在する論理式 F を，充足可能な論理式という。

充足不能 (unsatisfiable)： すべての解釈 I に対し $I(F) = \bot$ となる論理式 F を，充足不能な論理式という。

〈例 2.5〉

- $p \vee \neg p$ は**排中律** (low of the excluded middle) と呼ばれる恒真な論理式です。どのような解釈 I の下でも，$I(p)$ か $I(\neg p)$ のどちらかが必ず $\top$ になるため，表 2.6 の 3，4 行目の 5 項目目より $I(p \vee \neg p) = \top$ となります。この式を含め命題論理の恒真な論理式はいくつも存在し，それらはトートロジーと呼ばれます。
- F が恒真な論理式のとき，$\neg F$ は充足不能な論理式になります。
- 〈例 2.4〉に出てきた論理式はすべて充足可能です。F が命題変数 p のときは，$\mathcal{A}(p) = \top$ となるような真理値割当てを持つ解釈 $I_{\mathcal{A}}$ により F は真になるので充足可能です。また，$E_1 = p_1 \wedge p_2$ や $E_2 = p_1 \vee p_2$ に対しても，$\mathcal{A}(p_1) = \mathcal{A}(p_2) = \top$ となるような真理値割当て $\mathcal{A}$ を

持つ解釈 $I_\mathcal{A}$ の下で，$I_\mathcal{A}(E_1) = I_\mathcal{A}(E_2) = \top$ となり E_1 や E_2 が充足可能であることがわかります．

2.3 命題論理の論理式の等価性

構文的に見るとたがいに異なるが，どのような解釈の下でそれらの値を計算しても同じになる，つまり，たとえ見た目は違っても意味がまったく同じである論理式をたがいに等価な論理式といいます．本節では命題論理の論理式間の等価関係を定義し，論理式の書換え操作を行う際によく利用される等価な論理式をいくつか例示します．

定義 2.10（論理的帰結（$\models$））　F を命題論理の論理式，$\mathcal{E}$ を命題論理の論理式の集合，すなわち $\mathcal{E} \subseteq \mathbb{E}_{pro}$ とする．$\mathcal{E}$ 中の任意の論理式 E に対して $I(E) = \top$ となるような任意の解釈 I の下で $I(F) = \top$ となるとき，F は $\mathcal{E}$ の論理的帰結であるという．このとき，$\mathcal{E} \models F$ と表記する．

直観的に $\mathcal{E} \models F$ とは，$\mathcal{E}$ の中のすべての論理式を真にするようなあらゆる解釈が F も真にするということです．$\mathcal{E} = \{E_1, E_2, E_3\}$ のとき，本来は $\{E_1, E_2, E_3\} \models F$ と書くべきですが，本書では簡単のため括弧を省略して $E_1, E_2, E_3 \models F$ と表記します．特に，$\mathcal{E} = \{E\}$ のように $\mathcal{E}$ が要素一つからなる集合であるとき，$\{E\} \models F$ を $E \models F$ と表記し，F は E の論理的帰結であるといいます．

定義 2.11（論理的に等価（$\equiv$））　命題論理の論理式 E と F に対し，以下の条件が成り立つとき E と F は論理的に等価であるという．

$\quad E \models F$ かつ $F \models E$

また，このとき $E \equiv F$ と表記する．$\equiv$ のことを**論理的等価関係**と呼ぶ．

E と F が論理的に等価であるとは，直観的には $I(E) = \top$ となるあらゆる解釈の下で $I(F) = \top$ となり，かつ，その逆も成り立つことを意味します。このことを形式的に述べたものが次の 定理 2.1 です。

定理 2.1 E と F を命題論理の論理式とするとき，以下の条件が成立する。

$E \equiv F$ **iff** 任意の解釈 I に対して $I(E) = I(F)$

定理 2.1 に現れた **iff** は必要十分条件を表す記号です。定理 2.1 は，**iff** の左辺が成り立つと仮定して，定義 2.10 と 定義 2.11 を用いて右辺が成り立つことを示し，さらに右辺が成り立つと仮定して，同定義を用いて左辺が成り立つことを示すことで簡単に証明できます。

〈例 2.6〉 等価な論理式の中でもよく使われるものを列挙します。

交換律： $E \wedge F \equiv F \wedge E, E \vee F \equiv F \vee E$

結合律： $E \wedge (F \wedge G) \equiv (E \wedge F) \wedge G, E \vee (F \vee G) \equiv (E \vee F) \vee G$

二重否定律： $\neg \neg E \equiv E$

分配律： $E \wedge (F \vee G) \equiv (E \wedge F) \vee (E \wedge G), E \vee (F \wedge G) \equiv (E \vee F) \wedge (E \vee G)$

ド・モルガンの法則： $\neg(E \wedge F) \equiv \neg E \vee \neg F, \neg(E \vee F) \equiv \neg E \wedge \neg F$

（略記）： $E \supset F \equiv \neg E \vee F$ （この式は以後で略記として使うことがあります）

コーヒーブレイク

⊃ と ∨ についての注意

∧ や ¬ などの論理演算子は，われわれの日常的な感覚での「A かつ B」や「A でない」と理解しても誤解は生じないのですが，⊃ と ∨ に関しては注意が必要です。

⊃ を含む論理式の意味

定義 2.2 の表 2.1 において，⊃ を「ならば」と読むと説明しました。しかし，ほかの論理演算子と違い，命題論理の世界で ⊃ を含む式の意味を考える場合，単

一の解釈だけで考えると,「ならば」という語に関するわれわれの日常的な感覚では捉えにくくなります。例えば, p が「雨が降っている」, q が「地面が濡れている」を表しているとしましょう。ある解釈 I で $I(p) = \bot$ だとすると, 真理値表 (表2.6) から, $I(q)$ が $\top$ であるか $\bot$ であるかに関わらず, $I(p \supset q)$ は $\top$ です。すなわち,「雨が降っている」が偽ならば,「雨が降っているならば地面が濡れている」は真, ということになりますが, これはどう捉えればよいのでしょうか。

そこで, 逆に $I(p \supset q)$ が $\top$ となるような解釈 I すべてからなる集合 $\mathbb{I}_{p \supset q}$ を考えてみましょう。

$$\mathbb{I}_{p \supset q} = \{I \mid I(p \supset q) = \top\}$$

$\mathbb{I}_{p \supset q}$ は,「"p ならば q" が成り立つ解釈の集合」と捉えられます。$\mathbb{I}_{p \supset q}$ に属するどのような解釈 I を取ってきても, 表2.6から以下のことがわかります。

1. もし $I(p)$ が $\top$ ならば, $I(q)$ も $\top$ です。
2. もし $I(p)$ が $\bot$ ならば, $I(q)$ は $\top$ かもしれないし, $\bot$ かもしれません。

つまり,「雨が降っているならば地面が濡れている」が成り立つとわかっているなら, (そのようないかなる状況の下でも) もし「雨が降っている」が成り立つなら「地面が濡れている」も成り立つといえます。しかし, もし「雨が降っている」が成り立っていないなら,「地面が濡れている」の真偽に関してはなにもいえません。これは, われわれが考える「ならば」の意味とも合います。

このように,「$E \supset F$」は「E が成り立つなら F も成り立つといえる (ような状況のいずれかにある)」ということを表しています。

∨ の意味もちょっと変

∨ を含む論理式もわれわれの日常感覚とは少し異なる意味を持ちます。定義2.2の表2.1において, ∨ を「p または q」と読むと説明しました。しかし, 日常生活において「または」が使われる場合, 例えばレストランのメニューで,「食後にコーヒーまたは紅茶がつきます」とあった場合, 確かにどちらでも注文可能なのですが,「じゃあ両方お願いします」なんて普通できないですよね。論理的にいうと, どちらか一方のみが成り立つときに真になる「排他的論理和」(表2.7の右端の $\oplus$) がわれわれの日常的な意味での「または」に相当します。

なお, 表2.7では, $\oplus$ 記号を論理演算子として定義2.2に含めたものとして, 定義2.3を拡張し $E_1 \oplus E_2$ を論理式として扱い, その真理値を記載しています。

表 2.7 真理値表の補足

	1	2	⋯	6	7	8
1	E_1	E_2	⋯	$E_1 \supset E_2$	$\neg E_1 \vee E_2$	$E_1 \oplus E_2$
2	⊥	⊥	⋯	⊤	⊤	⊥
3	⊥	⊤	⋯	⊤	⊤	⊤
4	⊤	⊥	⋯	⊥	⊥	⊤
5	⊤	⊤	⋯	⊤	⊤	⊥

2.4 タブローの方法

　命題論理の論理式ならば，どんなに複雑な論理式であっても〈例 2.4〉で説明したような手順でその真偽を判定できます．したがって，論理式に現れる命題変数についてのあらゆる解釈を調べれば，その論理式が恒真かどうかが判定できます[†]．しかし，論理式が複雑になると〈例 2.4〉で説明した方法では恒真性の判定が複雑になりすぎるので，この方法をもう少しスッキリと機械的な手順としてまとめた，**タブロー** (tableau) **の方法**を紹介します．

2.4.1　タブローの方法の概要

　タブローの方法では，恒真性を判定したい論理式を否定することから作業を開始し，タブローと呼ばれる木構造を用いてその論理式を部分論理式に分解し，否定された論理式に潜む矛盾を明らかにします．矛盾が見つかれば元々の論理式が恒真であると結論づける，いわゆる背理法による恒真性の証明を機械的に行うことができます．簡単な例を見てみましょう．

〈例 2.7〉　証明したい論理式 F を，〈例 2.5〉にも示した排中律である $p \vee \neg p$ とします．この式の恒真性を証明するためのタブローを図 2.1 に示します．

[†] 本書では恒真かどうかの判定を恒真性の判定と簡単に記述します．

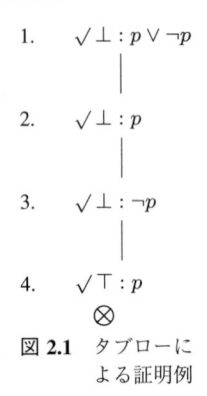

1. $\checkmark\bot : p \vee \neg p$

2. $\checkmark\bot : p$

3. $\checkmark\bot : \neg p$

4. $\checkmark\top : p$
   $\otimes$

図 2.1 タブローによる証明例

タブローの作成　図 2.1 に示したタブローの 1 行目には，恒真性を証明したい式を書き，それを否定する意味を持つ「$\bot :$」という記号を付けます．その後，この式を部分論理式に分解し，分解した式の前に分解済みの目印となる $\checkmark$ 記号を付けながらタブローを完成させるのですが，このタブローがどのように作成されたのかは，〈例 2.8〉で詳しく説明します．

論理式の恒真性の証明　タブローに書かれた式を上から順に見ていくと，タブローの 2 行目に p の否定があります．さらに，このタブローをたどって降りて行くと，4 行目に p の肯定があります．p の肯定と否定が 1 本の道の上に現れたので，この道は矛盾を表すことがわかり，矛盾していることの目印としてこの道の一番下に $\otimes$ 記号を書きます．

このタブローは途中で枝分かれしなかったので，ほかに真偽を判定できる可能性はなく，$p \vee \neg p$ を否定した論理式は充足不能，つまり $p \vee \neg p$ が恒真であることが証明できたことになります．

2.4.2　タブローの構成

〈例 2.7〉で示したタブローは，途中の枝分かれがなく 1 本道の木でしたが，一般には途中で枝分かれを作りながら木が構成されます．本項ではまずさまざまな用語を補助的な定義として示し，それらを使ってタブローを正確に定義します．

> **定義 2.12**（符号付き論理式）　$\bot:$ と $\top:$ を符号と呼ぶ。論理式 F に符号を付けた $\bot:F$ という形をした式を**符号付き論理式**と呼ぶ。本書では符号付き論理式を，F^s や添字の付いた F_1^s などの記号で表す。
>
> 　符号付き論理式 $F^s = \top:F$ または $F^s = \bot:F$ に対し，F を F^s の論理式，$\top:$ または $\bot:$ を F^s の符号と呼ぶ。

〈例 2.7〉のタブローには，$\top:$ や $\bot:$ という記号が付いた式が出てきました。このような式を符号付き論理式と呼びます。

> **定義 2.13**（既分解マーク（$\sqrt{}$），符号付き既分解論理式）　記号 $\sqrt{}$ を本書では既分解マークと呼ぶ。また，符号付き論理式の直前に既分解マークを付けた式を本書では**符号付き既分解論理式**と呼ぶ。

符号付き既分解論理式についても，「その符号」や「その論理式」という表現を 定義 2.12 と同様に使います。符号付き既分解論理式自身の意味や使われ方は 定義 2.16 の後で詳しく説明します。本書で説明するタブローは，符号付き論理式あるいは符号付き既分解論理式を節点とする木です。木としてのタブローを正確に定義する準備として，木構造のための用語をグラフ理論に基づいて定義しておきます。

> **定義 2.14**（節点，枝，根，葉，道）
> 　**節点 (node)**：本節では，節点とは符号付き論理式または符号付き既分解論理式とする。したがって，F^s または添字付きの F_1^s，あるいはそれらに既分解マークを付けた$\sqrt{}F^s$ や$\sqrt{}F_1^s$ などの記号で節点を表す。これらの節点を抽象的に表す場合，本書では，N または添字付きの N_1 などの記号を用いる。
> 　**枝 (edge)，始点，終点**：枝は節点の集合上の二項関係である。これは節

点と節点を結ぶ有向の線とみなせる。N_1, N_2 を節点とするとき，これらを結ぶ枝を $\langle N_1, N_2 \rangle$ と表記する。また，このとき N_1, N_2 をそれぞれこの枝の**始点**，**終点**と呼ぶ。

根 (root)，葉 (leaf)：枝の始点のみになっている節点を特に根，枝の終点のみになっている節点を特に葉と呼ぶ。

道 (path)：任意の節点 N_m, N_n に対し，N_m から N_n に至る枝の集合が存在するとき，節点 N_m, N_n とそれらの枝，および各枝の始点と終点を出現順に並べた列を N_m, N_n 間の道と呼ぶ。また，この道に対し N_m を**始点**，N_n を**終点**と呼ぶ。本書では道を表すために $Path$ または添字付きの $Path_1, Path_2$ などの記号を用いる。

木とは節点の集合と枝の集合からなり，閉路を持たないデータ構造のことです。木は以下のように再帰的に定義されます。

定義 2.15（木） 木 (tree) とは節点の集合と枝の集合からなり，以下の条件を満たすデータ構造である。

1. 唯一つの節点からなるデータ構造（つまり節点の集合の要素数が 1，枝の集合が空集合）は木である。
2. τ_0 を木，N_0 を τ_0 の節点，N_1 を τ_0 に属さない節点とする。τ_0 に節点 N_1 と枝 $\langle N_0, N_1 \rangle$ を加えてできる構造 τ_1 は木である。ただし，τ_1 の任意の節点に対し，その節点が始点であり，かつ終点であるような道†は存在しないものとする。

定義 2.15 の条件 1. で示した唯一つの節点からなる木では，この節点は，この木の根であると同時に葉でもあります。定義 2.14 の各用語を図 2.1 のタブローに当てはめると，一番上の式 $\sqrt{\perp} : p \vee \neg p$ が根，一番下の式 $\sqrt{\top} : p$ が葉，各直線が枝，ある式から別の式へと辿れる節点と枝の列が道です。これらの用語を用いてタブローを定義する前に，タブローを構成する節点や枝を生成する手

---

† そのような道を**閉路** (closed path) といいます。

順を定めておきます。

定義 2.16 (節点の種類別構成規則)　τ_0 を木，F^s を τ_0 の節点，F^s_{leaf} を τ_0 の葉とする。ただし，F^s と F^s_{leaf} は同一の節点であるか，F^s を始点，F^s_{leaf} を終点とする道が τ_0 に存在するものとする。F^s に対し，その形に応じて表 2.8 に示す 8 種類のいずれかの木を得る。これを本書では，節点の種類別構成規則と呼ぶ。

適用対象となる節点：既分解マークの付いている節点を本書では**既分解節点 (reduced node)**，そうでない節点を**未分解節点**と呼ぶ。節点に既分解マークを付ける規則は 定義 2.17 で定める。節点の種類別構成規則の適用対象となる節点 F^s を，未分解節点に限定する。

分岐型規則と非分岐型規則：規則 1.〜8. はさらに，枝分かれする分岐型（規則 4., 規則 5., 規則 7.）と，枝分かれしない非分岐型（規則 1., 規則 2., 規則 3., 規則 6., 規則 8.）に分類される。

規則の適用順序：τ_0 に未分解節点が複数あり分岐型と非分岐型の規則が適用可能な場合，非分岐型の規則を適用する。

タブローは，与えられた木 τ_0 に 定義 2.16 を適用し 8 種類の木のいずれかを作成し，それを τ_0 に継ぎ足していくことにより徐々に大きな木に成長させることで構成されます。ただし，この定義の適用対象となる節点は，その論理式が命題変数でなく構成規則を一度も適用されていないものに限ります。これが未分解節点です。既分解節点に対し構成規則の適用を許すと，木が無限に大きくなってしまう恐れがあるからです。本書ではどの節点が構成規則の適用対象である未分解節点であるかが一目でわかるように既分解マークを用います。

定義 2.16 の最後にある規則の適用順序については，2.4.3 項で詳しく説明します。ここまでに定義してきた用語を用いてタブローを定義します。

28   2. 命 題 論 理

表 2.8 節点の種類別構成規則

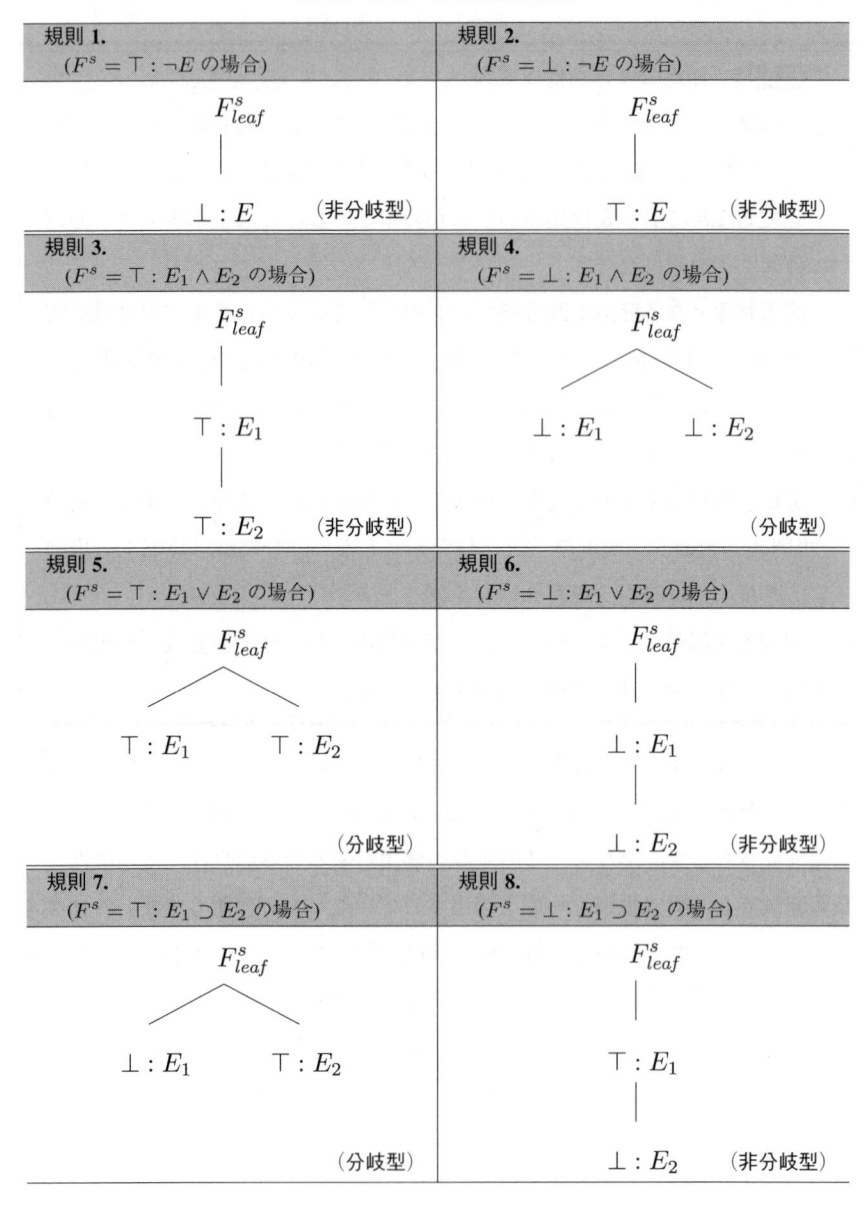

規則 1. ($F^s = \top : \neg E$ の場合) F^s_{leaf} | $\bot : E$ （非分岐型）	規則 2. ($F^s = \bot : \neg E$ の場合) F^s_{leaf} | $\top : E$ （非分岐型）
規則 3. ($F^s = \top : E_1 \land E_2$ の場合) F^s_{leaf} | $\top : E_1$ | $\top : E_2$ （非分岐型）	規則 4. ($F^s = \bot : E_1 \land E_2$ の場合) F^s_{leaf} ／＼ $\bot : E_1 \quad \bot : E_2$ （分岐型）
規則 5. ($F^s = \top : E_1 \lor E_2$ の場合) F^s_{leaf} ／＼ $\top : E_1 \quad \top : E_2$ （分岐型）	規則 6. ($F^s = \bot : E_1 \lor E_2$ の場合) F^s_{leaf} | $\bot : E_1$ | $\bot : E_2$ （非分岐型）
規則 7. ($F^s = \top : E_1 \supset E_2$ の場合) F^s_{leaf} ／＼ $\bot : E_1 \quad \top : E_2$ （分岐型）	規則 8. ($F^s = \bot : E_1 \supset E_2$ の場合) F^s_{leaf} | $\top : E_1$ | $\bot : E_2$ （非分岐型）

> **定義 2.17**（**タブロー**） N をその符号が $\bot:$ であるような節点，F^s, F^s_{leaf} をそれぞれ符号付き論理式とする。これらに対しタブローは以下のように再帰的に定義される木である。
>
> 1. 節点の集合 $\{N\}$ と，枝の集合 $\emptyset$ からなる木はタブローである。ただし，N の論理式が命題変数の場合 N には既分解マークが付いているものとする。
>
> 2. τ_0 をタブロー，F^s を τ_0 上の未分解節点，F^s_{leaf} を τ_0 の葉とする。ただし，F^s と F^s_{leaf} は同一の節点 (つまり F^s が τ_0 の葉) であるか，F^s から F^s_{leaf} に至る道が τ_0 上に存在するものとする。
>
> τ_0 と F^s に対し，上記の条件を満たすすべての F^s_{leaf} を 定義 2.16 の規則 1.～8. に示した八つの木のいずれかに置き換えてできる木を τ'_1 とする。τ'_1 の節点に対して次のように既分解マークを付ける。
>   - F^s 自身に既分解マークを付ける。
>   - 追加された節点のうちその論理式が命題変数であるものについては既分解マークを付ける。
>
>   このようにしてできる木を τ_1 とすると，τ_1 はタブローである。

定義 2.17 において定義される最小のタブローは，$\bot:$ という符号の付いた符号付き論理式一式のみを節点として持つ木です。この節点を根とし未分解節点に対して構成規則を適用することでより大きなタブローが順に構成されます。

〈**例 2.8**〉 〈例 2.7〉で示したタブローが生成されていく様子を説明します。初めに作られるタブローは以下のような単一の節点からなる木です。

1. $\bot : p \vee \neg p$

この節点は未分解節点であり葉なので，次の段階ではこの葉を

$\bot : p \lor \neg p$
|
$\bot : p$
|
$\bot : \neg p$

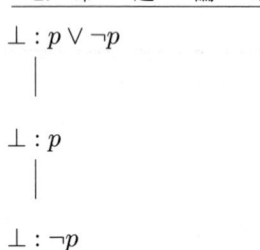

という木（定義 2.16 の規則 6.）で置き換え，必要な節点には既分解マークを付けた

1.　　$\checkmark \bot : p \lor \neg p$
　　　　　　|
2.　　$\checkmark \bot : p$
　　　　　　|
3.　　　$\bot : \neg p$

というタブローができました．

次の段階では 3 行目の未分解節点に注目し，$\bot : \neg p$ という葉を

$\bot : \neg p$
|
$\top : p$

という木（定義 2.16 の規則 2.）で置き換え，必要な節点には既分解マークを付けた

1.　　$\checkmark \bot : p \lor \neg p$
　　　　　　|
2.　　$\checkmark \bot : p$
　　　　　　|
3.　　$\checkmark \bot : \neg p$
　　　　　　|
4.　　$\checkmark \top : p$

というタブローができました。

〈例 2.8〉では，各段階で注目した節点（定義 2.17 の F^s）がいずれも葉でもあったので，より大きなタブローは簡単に作ることができましたが，一般には注目している節点と，置換えの対象となる葉が同じ節点とは限らず，その葉も一つとは限りません。複数の葉を置き換える必要がある場合については，例 2.10 で説明します。枝分かれを含む一般的なタブローが 定義 2.17 に従って構成される様子を，簡単な例を用いて見てみましょう。

〈例 2.9〉 論理式 F を次のようなものとします。

$$F = ((p \supset q) \supset p) \supset p$$

F に対するタブロー τ を図 2.2 に示します。

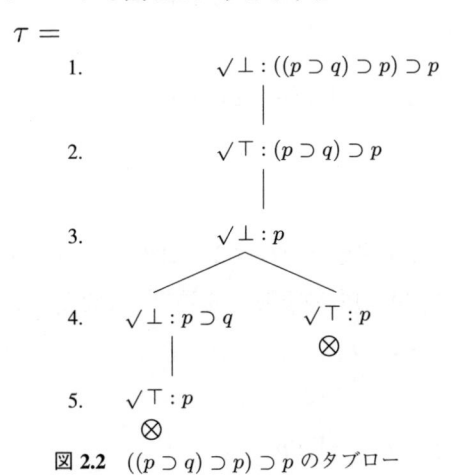

$$\tau =$$

1. $\quad \sqrt{\bot : ((p \supset q) \supset p) \supset p}$

2. $\quad \sqrt{\top : (p \supset q) \supset p}$

3. $\quad \sqrt{\bot : p}$

4. $\quad \sqrt{\bot : p \supset q} \qquad \sqrt{\top : p}$
   $\qquad\qquad\qquad\qquad\qquad \otimes$

5. $\quad \sqrt{\top : p}$
   $\qquad \otimes$

図 2.2 $((p \supset q) \supset p) \supset p$ のタブロー

このタブロー τ が構成される手順を説明します。

(1) τ の 1 行目は，証明したい論理式 F に $\bot$: 符号を付けた符号付き論理式

$$\bot : ((p \supset q) \supset p) \supset p$$

を書きます。これを τ_0 とします。

(2) F は，括弧の対応から部分論理式 $((p \supset q) \supset p)$ と p が $\supset$ で結合された論理式とみなせます。したがって，定義 2.16 の規則 8. より

2. 命題論理

$$\bot : ((p \supset q) \supset p) \supset p$$
$$|$$
$$\top : (p \supset q) \supset p$$
$$|$$
$$\bot : p$$

という木が得られるので，τ_0 の葉（1 行目の節点）をこの木で置き換えます．そして，必要な節点には既分解マークを付けた木を τ_1 とします．

$\tau_1 =$

1. $\quad \checkmark \bot : ((p \supset q) \supset p) \supset p$
   $\quad\quad\quad |$
2. $\quad\quad \top : (p \supset q) \supset p$
   $\quad\quad\quad |$
3. $\quad \checkmark \bot : p$

(3) τ_1 の節点の中で未分解節点は 2 行目の $\top : (p \supset q) \supset p$ だけです．この節点に（定義 2.16）の規則 7. を適用して得られる木

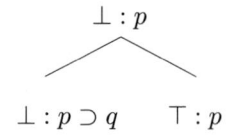

$$\bot : p$$
$$\diagup \quad \diagdown$$
$$\bot : p \supset q \quad \top : p$$

を，τ_1 の葉（3 行目の節点）と置き換え，必要な節点には既分解マークを付けた木を τ_2 とします．

$\tau_2 =$

1. $\quad\quad \checkmark \bot : ((p \supset q) \supset p) \supset p$
   $\quad\quad\quad\quad\quad |$
2. $\quad\quad\quad \checkmark \top : (p \supset q) \supset p$
   $\quad\quad\quad\quad\quad |$

3. $\quad\sqrt{}\perp:p$

4. $\quad\perp:p\supset q \quad\sqrt{}\top:p$
$\qquad\qquad\qquad\qquad\otimes$

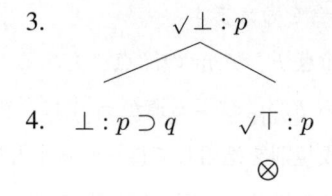

(4) 4行目の右の節点は $\sqrt{}\top:p$ ですが，τ_2 の根からこの節点に至る道の上に，この節点と同じ論理式を持ち符号が $\perp:$ である節点が3行目にあるため，この節点の下に矛盾を意味する $\otimes$ 記号を付けます。$\otimes$ については 定義 2.18 で正確に述べます。

(5) τ_2 の唯一の未分解節点が4行目左側の節点 $\perp:p\supset q$ です。この節点に対し 定義 2.16 の規則 8. より得られた木を生成し，4行目左側の節点をその木で置き換えてできる木が図 2.2 に示した τ です（ただし直後に述べる理由により $\perp:q$ は追加しません）。このとき，τ の根からこの節点に至る道の上に，5行目の葉と同じ論理式を持ち符号が $\perp:$ である節点が3行目にあるため，この葉の下に $\otimes$ 記号を付け，それ以降の構成規則の適用は行いません。規則 8. に従うと6行目に $\perp:q$ も書かなければいけないのですが，$\otimes$ が付いた節点での終了を優先します。この段階で τ のすべての葉に $\otimes$ が付いたので，τ の生成はここで終了します。

〈例 2.10〉 複数の葉 F^s_{leaf} を規則 1.～8. で示したいずれかの木で置き換える必要がある場合について説明しておきます。元のタブローを τ_1，構成規則適用により得られるより大きなタブローを τ_2 とし，枝分かれのない木 τ_0 に対し τ_1 が

$$\tau_1 = \begin{array}{c} \tau_0 \\ \diagup\diagdown \\ F^s_{leaf1} \quad F^s_{leaf2} \end{array}$$

のような形をしている場合を考えます。

さらに，τ_1 の未分解節点 F^s が τ_0 の節点でもあるとすると，F^s から F^s_{leaf1} に至る道と F^s から F^s_{leaf2} に至る道が τ_1 上に存在するので，これらの葉を，F^s に対して構成規則を適用して得られる木と置き換えて τ_2 が得られます。F^s に適用される規則が，例えば規則 7. であるとすると，τ_2 は次のようなタブローになります。

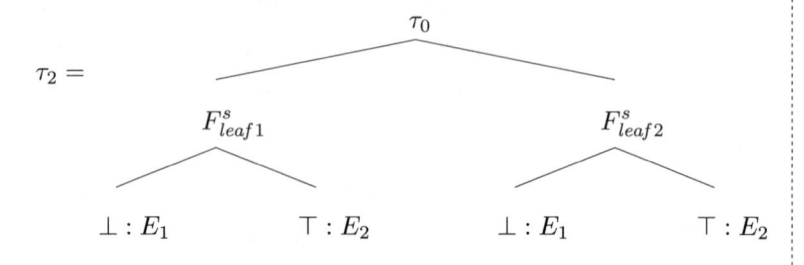

$$\tau_2 = \begin{array}{c} \tau_0 \\ \diagup \quad \diagdown \\ F^s_{leaf1} \quad\quad F^s_{leaf2} \\ \diagup \diagdown \quad \diagup \diagdown \\ \bot:E_1 \ \ \top:E_2 \ \ \bot:E_1 \ \ \top:E_2 \end{array}$$

〈例 2.9〉でタブローの生成手順を説明しましたが，タブローの構成規則をいつまで適用し続けるのかは曖昧でした。この手順は完成したタブローが得られた時点で終了します。完成したタブローを明確に定義しておきましょう。

定義 2.18（完成した道，矛盾した道，完成したタブロー，矛盾したタブロー） τ をタブロー，$Path$ を τ の根から葉に至る道とする。

完成した道：$Path$ 上の任意の節点が符号付き既分解節点であるとき，$Path$ は完成しているという。

矛盾した道：ある論理式 F に対し，$\top:F$ と $\bot:F$ のどちらもが $Path$ 上の節点であるとき（既分解マークの有無は問わない），道は矛盾しているという。なお，矛盾した道にはその終点の直下に $\otimes$ 記号を付けるものとする。

完成したタブロー：τ の根から葉に至るすべての道が完成しているか矛盾しているとき，τ は完成しているという。

> 矛盾したタブロー：τ の根から葉に至るすべての道が矛盾しているとき，τ は矛盾しているという．

〈例 2.9〉で作成したタブロー τ（図 2.2）において，1 行目の根から 5 行目の葉に至る道を $Path_1$，根から 4 行目の葉に至る道を $Path_2$ とします．$Path_1$ では，1 行目の根（節点）に対し，構成規則を適用した結果得られた節点が 2 行目と 3 行目に存在するので 1 行目に既分解マークが付きます．また，2 行目の節点に構成規則を適用した結果得られた節点が 4 行目に存在するので 2 行目に既分解マークが付きます．4 行目左側の節点に対し，5 行目の節点がそうです．$Path_1$ 上の 1，2，4 行目以外の節点（3，5 行目）の論理式は命題変数ですので，$Path_1$ 上のすべての節点が既分解節点となり，$Path_1$ は完成した道になります．$Path_2$ も同様に完成した道なので，τ は完成したタブローです．

さらに，$Path_1$ は，3 行目の節点が $\bot : p$，5 行目の節点が $\top : p$ でなので，定義 2.18 の矛盾した道の条件を満たすため矛盾した道となり，それを明示するために 5 行目の終点の直下に $\otimes$ が付いています．同様に $Path_2$ は 3 行目の節点と 4 行目右側の節点により矛盾した道となり，その終点（4 行目右側の葉）の直下に $\otimes$ が付いています．

τ の根から葉に至るすべての道が矛盾した道なので，τ は矛盾したタブローであることがわかります．

2.4.3 構成規則の適用順序

〈例 2.9〉で作成したタブロー τ（図 2.2）において，1 行目の根に対して構成規則を適用し 2 行目と 3 行目の節点が得られました．その後この例では，3 行目の節点の論理式がたまたま命題変数だったので 2 行目の節点に対する構成規則の適用だけで済みました．

しかし一般的には，すべての未分解節点に対し一度ずつ 定義 2.16 を適用し，より大きなタブローを作成していきます．定義 2.16 の規則の適用順序は，効率

よくタブローを作成するためにどの未分解節点を先に選んで構成規則を適用するかを示したものです。

例えば，あるタブロー τ_0 に対しタブロー τ_1 が次のような形をしている場合を考えます。

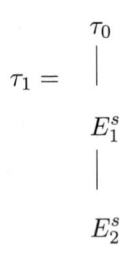

$$\tau_1 = \begin{array}{c} \tau_0 \\ | \\ E_1^s \\ | \\ E_2^s \end{array}$$

E_1^s と E_2^s に対する構成規則適用の順番は証明結果には影響しないことは簡単に示されます。したがって，枝分かれしない規則が適用できるならばそちらを先に適用したほうが，むだな節点を作らずに済みます。定義 2.16 の規則の適用順序は，このことを考慮した順番でタブローを作るようにしたものです。この規則に従った場合と従わなかった場合の違いを具体例で見てみましょう。

〈例 2.11〉 $F = (r \vee q) \supset (p \vee q)$ に対するタブローを，定義 2.16 の規則の適用順序に従った場合と従わなかった場合の二通りの方法で作り比べてみます。

いずれの場合もまず $\bot : F$ を根とし，この節点に対し定義 2.16 の規則 8. を適用すると図 2.3 に示すようなタブロー τ_1 ができます。

$$\tau_1 =$$

1. $\checkmark \bot : (r \vee q) \supset (p \vee q)$
         $|$
2. $\top : r \vee q$
         $|$
3. $\bot : p \vee q$

図 2.3 $(r \vee q) \supset (p \vee q)$ のタブローの作成開始

τ_1 の未分解節点（2 行目と 3 行目）に対し，構成順序の規則に従わずに構成規則を適用してできるタブロー τ_2^{ng} と従ってできるタブロー τ_2^{ok} を図 2.4

に示します。

$\tau_2^{ng} =$

1. $\quad \sqrt{\perp} : (r \vee q)$
   $\quad \supset (p \vee q)$
2. $\quad \sqrt{\top} : r \vee q$
3. $\quad \sqrt{\perp} : p \vee q$
4. $\quad \sqrt{\top} : r \qquad\qquad \sqrt{\top} : q$
5. $\quad \sqrt{\perp} : p \qquad\qquad \sqrt{\perp} : p$
6. $\quad \sqrt{\perp} : q \qquad\qquad \sqrt{\perp} : q$
   $\qquad\qquad\qquad\qquad\qquad \otimes$

$\tau_2^{ok} =$

1. $\quad \sqrt{\perp} : (r \vee q)$
   $\quad \supset (p \vee q)$
2. $\quad \sqrt{\top} : r \vee q$
3. $\quad \sqrt{\perp} : p \vee q$
4. $\quad \sqrt{\perp} : p$
5. $\quad \sqrt{\perp} : q$
6. $\quad \sqrt{\top} : r \qquad\qquad \sqrt{\top} : q$
   $\qquad\qquad\qquad\qquad \otimes$

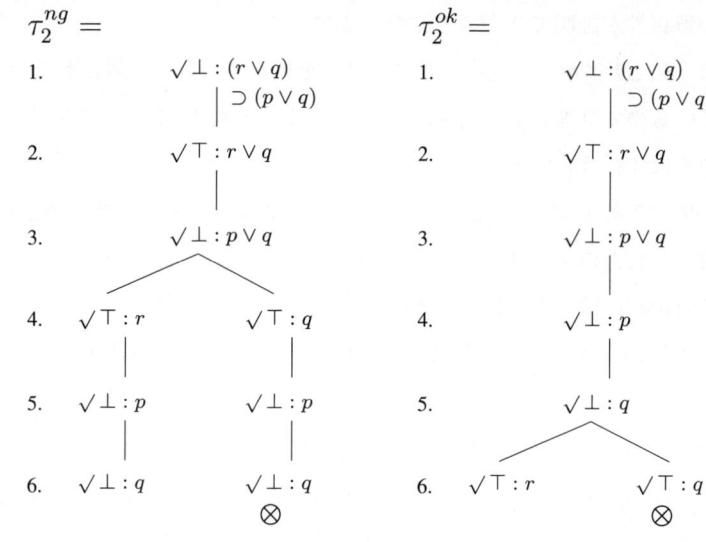

図 **2.4** 構成順序の規則の効果

τ_2^{ng} では，2 行目の節点に適用可能な規則が分岐型，3 行目のそれが非分岐型であるにも関わらず，上から順番に τ_1 の 2 行目の節点 $\top : r \vee q$ に対して 定義 2.16 の規則 5. を適用し，枝分かれをして 4 行目の二つの節点を作ってから，3 行目の節点 $\perp : p \vee q$ に対して規則 6. を適用しています．その結果，5, 6 行目の左右にまったく同じ節点が作られています．

一方，図 2.4 に示した τ_2^{ok} では，枝分かれしない 3 行目の節点に対し先に構成規則を適用したため，τ_2^{ng} に比べ節点の数が少なくなっているのがわかります．

なお，τ_2^{ng}，τ_2^{ok} ともに根から片方の葉に至る道が矛盾し，もう一方は矛盾していないので，2.4.4 項で説明する証明結果に変わりはありません．

2.4.4 タブローによる論理式の恒真性の証明方法

与えられた論理式に対し，完成したタブローが得られればその論理式が恒真かどうかの証明は非常に簡単です．完成したタブローのすべての葉の下に $\otimes$ 記

号がついていれば，すなわちそのタブローが矛盾したタブローであれば，その論理式の恒真性が証明できたことになります。

例えば，図 2.1 に示した完成したタブローを見ると，唯一の葉の下に $\otimes$ 記号が付いているので論理式 $p \vee \neg p$ は恒真です。また，図 2.2 に示した完成したタブローの葉は 4 行目右側と 5 行目の節点の二つだけであり，それらの下に $\otimes$ 記号が付いているので論理式 $((p \supset q) \supset p) \supset p$ は恒真です。一方，図 2.4 に示した完成した両方のタブローには $\otimes$ 記号が付いていない葉があるので，論理式 $(r \vee q) \supset (p \vee q)$ は恒真ではありません。

これら以外のもう少し複雑な論理式に対し，タブローによる証明の具体例を見ておきましょう。

〈例 2.12〉 次節で解説する命題論理の公理に相当する論理式 $(p \supset (q \supset r)) \supset ((p \supset q) \supset (p \supset r))$ が，恒真であることを証明するタブローを以下に示します。

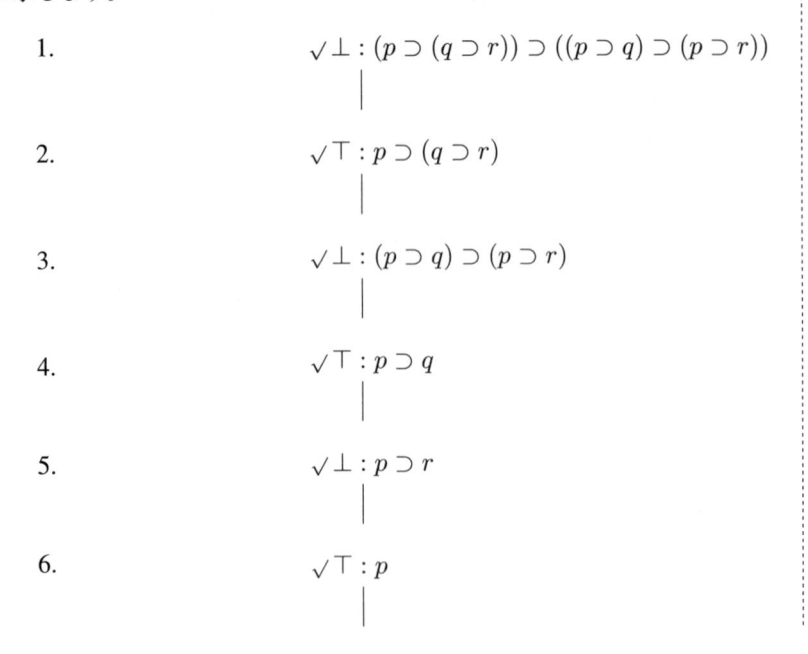

1. $\checkmark \bot : (p \supset (q \supset r)) \supset ((p \supset q) \supset (p \supset r))$
                $|$

2. $\checkmark \top : p \supset (q \supset r)$
                $|$

3. $\checkmark \bot : (p \supset q) \supset (p \supset r)$
                $|$

4. $\checkmark \top : p \supset q$
                $|$

5. $\checkmark \bot : p \supset r$
                $|$

6. $\checkmark \top : p$
                $|$

7.   √⊥ : r

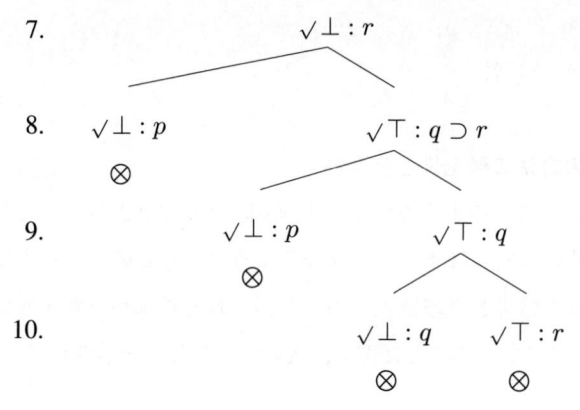

8.   √⊥ : p   √⊤ : q ⊃ r
      ⊗

9.   √⊥ : p   √⊤ : q
              ⊗

10.   √⊥ : q   √⊤ : r
                      ⊗   ⊗

また，命題論理の公理に相当する論理式 $(\neg p \supset \neg q) \supset ((\neg p \supset q) \supset p)$ が，恒真であることを証明するタブローを以下に示します。

1.   √⊥ : $(\neg p \supset \neg q) \supset ((\neg p \supset q) \supset p)$

2.   √⊤ : $\neg p \supset \neg q$

3.   √⊥ : $(\neg p \supset q) \supset p$

4.   √⊤ : $\neg p \supset q$

5.   √⊥ : p

6.   √⊥ : ¬p   √⊤ : ¬q

7.   √⊤ : p   √⊥ : q
      ⊗

8.   √⊥ : ¬p   √⊤ : q
                       ⊗

9. $\quad\quad\quad \sqrt{}\top : p$
$\quad\quad\quad\quad\quad\otimes$

2.4.5 タブローの方法の健全性と完全性

タブローの方法によるこのような恒真性の証明手順は 2.2.2 項で学んだ真理値表を用いた恒真性の証明とはまったく異なるように見えるので，本当にタブローの方法で得られる結果と真理値表を用いて得られる結果が一致するのかどうか気になるところです。このことに関し，次の二つのことが示されています。

健全性　タブローの方法により恒真であることが証明された命題論理の論理式は恒真である。

完全性　命題論理のすべての恒真な論理式は，タブローの方法により恒真であることが証明可能である。

タブローの方法の健全性と完全性の証明はすでに多くの文献[6),11),12)]†に明記されているので本書では扱いませんが，これら二つの性質により安心してタブローの方法を利用することができます。

2.5　命題論理の公理と推論規則

タブローの方法も，その構成規則(定義 2.16)は真理値表に負っているので，意味論に基づく恒真性判定方法に分類されます。〈例 2.4〉に示したような解釈を用いる方法やタブローの方法のような，意味論に基づく論理式の恒真性判定方法とはまったく独立に，意味を考えず記号操作のみで恒真な式を導く**演繹**(deduction)と呼ばれる方法があります。

演繹とは，**公理** (axiom) と呼ばれる論理式と**推論規則** (inference rule) と呼ば

---

† 肩付き数字は，巻末の引用・参考文献の番号を表します。

れる手続きから，**定理** (theorem) と呼ばれる論理式を導く方法の総称です。そして，演繹にどのような公理や推論規則を用いるかの決め方を**公理系** (axiomatic system) といいます。公理のとりかたや推論規則の違いにより命題論理の公理系にはさまざまなものがあるのですが，本節では唯一の推論規則と三つの公理からなる最も基本的な公理系を学習します[†1]。

定義 2.19（命題論理の公理）　命題論理の任意の論理式 E, F, G に対し，以下の三つの論理式をそれぞれ命題論理の公理と呼ぶ。

A1： $E \supset (F \supset E)$

A2： $(E \supset (F \supset G)) \supset ((E \supset F) \supset (E \supset G))$

A3： $(\neg F \supset \neg E) \supset ((\neg F \supset E) \supset F)$

定義 2.20（三段論法，モーダスポネンス）　E と F を命題論理の論理式とする。以下の規則を**三段論法**あるいは**モーダスポネンス** (modus ponens) と呼ぶ。

$$\frac{\begin{array}{c} E \supset F \\ E \end{array}}{F} \qquad (2.1)$$

式 (2.1) の 1 行目と 2 行目を前提[†2]，3 行目を結論と呼び，式 (2.1) は「前提 $E \supset F$ と E から結論 F を推論する」と読む。三段論法を命題論理の推論規則とする。

本書では，公理 A1，A2，A3 と三段論法からなる公理系を命題論理の公理系とします。公理系を使って得られる論理式を定理といい，ある論理式が定理として導かれることを証明といいます。これらの用語を正確に定義します。

[†1] 本節でのみ論理式の定義を変更し，$E \lor F$ は $\neg E \supset F$ の，$E \land F$ は $\neg(E \supset \neg F)$ の略記とします。

[†2] 式 (2.1) の 1 行目を大前提，2 行目を小前提と区別して呼ぶこともあります。

> **定義 2.21**（証明，帰結（⊢），定理）　F を命題論理の論理式，$\mathcal{E}$ を命題論理の論理式の集合，すなわち $\mathcal{E} \subseteq \mathbb{E}_{pro}$ とする。さらに，ある整数 n に対し $F_1, F_2, \ldots, F_n$ を $F = F_n$ なる論理式の列とする。$F_m (1 \leq m \leq n)$ が以下のいずれかの条件を満たすとき，F を $\mathcal{E}$ からの帰結 (consequence) であるといい，$\mathcal{E} \vdash F$ と表記する。
>
> - F_m は公理である
> - F_m は $\mathcal{E}$ の要素である
> - ある整数 $j, k (1 \leq j < m, 1 \leq k < m)$ に対し，F_m は F_j と F_k を前提とした三段論法の結論である
>
> このとき，この論理式の列 $F_1, F_2, \ldots, F_n$ を F の $\mathcal{E}$ からの証明という。また，$\mathcal{E}$ が空集合のとき，すなわち $\vdash F$ が成り立つとき F を定理と呼ぶ。

論理式 F が定理であることを $\vdash F$ と表記するのですが，これは公理と推論規則だけを使って F を導くことができることを意味します。具体例を示します。

〈例 2.13〉　排中律 $p \vee \neg p$ と等価な論理式 $p \supset p^\dagger$ が定理であることを示してみましょう。

$$F_1 : (p \supset ((p \supset p) \supset p)) \supset ((p \supset (p \supset p)) \supset (p \supset p))$$
$$F_2 : p \supset ((p \supset p) \supset p)$$
$$\overline{}$$
$$F_3 : ((p \supset (p \supset p)) \supset (p \supset p)) \tag{2.2}$$

式 (2.2) に示した三段論法の前提において，F_1 は公理 A2，F_2 は公理 A1 です。さらに，公理と F_3 を使ってもう一度三段論法を行います。

$$F_3 : ((p \supset (p \supset p)) \supset (p \supset p))$$
$$F_4 : p \supset (p \supset p)$$
$$\overline{}$$
$$F_5 : (p \supset p) \tag{2.3}$$

式 (2.3) の前提 F_4 は公理 A1 です。このように，公理と推論規則だけを用いて $p \supset p$ が帰結として得られたので $p \supset p$ は定理です。そして，論理式の列 $F_1, \ldots, F_5$ がこの定理の証明です。

排中律だけでなく，あらゆるトートロジーが定理であることが証明されています。このことを一般化した定理を示します。

定理 2.2 （命題論理の健全性と完全性） F を命題論理の論理式，$\mathcal{E}$ を命題論理の論理式の集合，すなわち $\mathcal{E} \subseteq \mathbb{E}_{pro}$ とする。このとき以下の条件が成立する。

$$\mathcal{E} \models F \text{ iff } \mathcal{E} \vdash F$$

特に，$\mathcal{E}$ が空集合の場合，すなわち次式は

$$\models F \text{ iff } \vdash F$$

F がトートロジーであるとき，またそのときに限り定理であることを意味する。

$\models F$ ならば $\vdash F$ であることを命題論理の公理系の**完全性**といいます。つまり完全性とは，命題論理のあらゆる恒真な論理式が，論理式の意味とはまったく独立に公理と推論規則だけを用いて記号操作だけで定理であることを証明できることを示しています。

逆に $\vdash F$ ならば $\models F$ であること，つまり定理であることが証明できる F はトートロジーであることを命題論理の公理系の**健全性**といいます。健全性と完全性を合わせた 定理 2.2 は，命題論理の論理式が定理であることと恒真であることが同値であることを示すものであり，これを**命題論理の完全性定理**と呼ぶことがあります。

演習問題

【1】 2.1.1項の冒頭で述べたように，雨が降っているという命題を p，傘をさすべきであるという命題を q と置くと，雨が降っているならば傘をさすべきであるという命題は $p \supset q$ という論理式で表すことができる．これを参考に，以下の命題を命題論理の論理式で表してみよ．その際，どの命題をどの命題変数で表したかも明記すること．
  - (a) 定期券を持っているか，または切符を持っているならばバスに乗ることができる．
  - (b) 定期券を持っており，かつ定期券が期限切れでないならばバスに乗ることができる．
  - (c) 犬を連れているならば，切符を持っており，かつ，犬をカゴに入れており，かつ，手回り品切符を持っているならばバスに乗ることができる．

【2】〈例2.2〉を参考に，定義2.19 に示した公理 A1, A2, A3 に現れる E, F, G をそれぞれ命題変数 p, q, r とした論理式の部分論理式をすべて求めよ．

【3】 p, q, r をそれぞれ命題変数とし，これらに対する真理値割当て $\mathcal{A}_7$ を

$$\mathcal{A}_7(p) = \top, \quad \mathcal{A}_7(q) = \top, \quad \mathcal{A}_7(r) = \top$$

とする．さらに，$\mathcal{A}_7$ を持つ解釈 $I_{\mathcal{A}_7}$ を I と略記する．この解釈 I の下で，論理式 $(p \supset r) \supset ((q \supset r) \supset ((p \vee q) \supset r))$ の値が $\top$ になることを，〈例2.4〉を参考に示せ．

【4】〈例2.4〉を参考に，下記の各論理式がトートロジーであることを，タブローの方法を用いずに証明せよ．
  - (a) $p \supset q \supset p$
  - (b) $p \supset (q \supset p \wedge q)$
  - (c) $p \wedge q \supset p$

  表2.4にあるすべての割当てに対する解釈 $I_{\mathcal{A}_0}, \ldots, I_{\mathcal{A}_3}$ の下で，これらの論理式の値が $\top$ になることを示せばよい．

【5】〈例2.9〉では，論理式 $((p \supset q) \supset p) \supset p$ が恒真であることを証明するためのタブローが，どの規則をどのような順番で適用して構成されたかを説明した．これと同じ要領で，〈例2.12〉で示した二つのタブローがどのように構成されたかを説明せよ．

【6】〈例2.12〉を参考に，問【3】と問【4】に示した各論理式がトートロジーであることを，タブローの方法により証明せよ．

【7】 定理2.1 を，その直後に書かれているヒントを参考にして証明せよ．

3 述語論理

命題論理でもさまざまな知識を表現できるのですが，それらの知識の中に「すべての人にとって…」とか「最低でも一人は…」などといった量に関する知識が入ってくると，すぐに行き詰まってしまいます。「どんな人でも，その人が雨に降られたら傘をさすべきである」という命題(前提)と「私は雨に降られている」という命題(前提)から，一見「私は傘をさすべきである」という命題(結論)を得ることは簡単であると思われるでしょう。しかし，記号処理しかできないコンピュータにとって，これらの前提はまったく異なる文字列であるため一致しません。したがって，われわれにとっては当たり前の知識が命題論理では表現できず，われわれにとっては当たり前の結論も命題論理の推論規則では導くことが不可能なのです。

そこで命題を分解し，上記の例でいえば「人」や「われわれ」などといった議論の対象となるものごとを個別に表現できるようにし，それらに対し「すべての」や「ある」といった量の概念も表現できるようにすることで，このような問題に対応できるようにした論理が**述語論理** (predicate logic) です。エキスパートシステムなど人工知能の分野で自動的な推論に用いられている，Prolog を初めとする論理型言語はこの述語論理を基礎としています。本章ではこの述語論理の基礎となる，構文論と意味論を学習します。

3.1 述語論理の構文論

述語論理の構文は，命題論理の構文要素に加え，限定子と変数，述語記号，関数記号といった要素からなり，ここから先は命題論理のときよりもかなり話が複雑になります。そこで，できるだけ理解しやすい例題を提示できるように，ある有名なご一家に登場してもらいます。図 3.1 は，漫画「ちびまる子ちゃん」

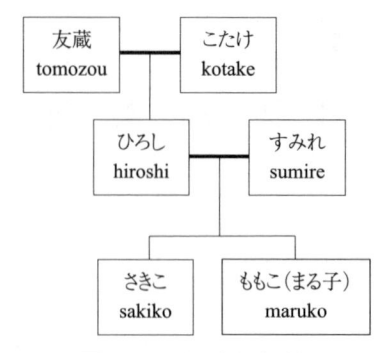

```
                ┌─────────┬─────────┐
                │ 友蔵    │ こたけ  │
                │ tomozou │ kotake  │
                └─────────┴─────────┘
                     │
                ┌─────────┬─────────┐
                │ ひろし  │ すみれ  │
                │ hiroshi │ sumire  │
                └─────────┴─────────┘
                     │
         ┌───────────┴───────────┐
    ┌─────────┐           ┌──────────────┐
    │ さきこ  │           │ ももこ(まる子)│
    │ sakiko  │           │ maruko       │
    └─────────┘           └──────────────┘
```

図 3.1　さくら家の家系図

の主人公であるさくらももこ（まる子）†の一家の家系図です。本書では，この家系図に沿ってさまざまな述語や関数の例題を提示していきます。

3.1.1　述　語　と　は

述語論理の「述語」ですが，これは皆さんにとっては中学校の頃からなじんできた，英語の文法の授業で習う主語，述語，目的語，の述語です。述語は「もの」の性質や，「もの」と「もの」との関係を表すために使われます。例えば，述語 $parent(hiroshi, maruko)$ は，$hiroshi$ が $maruko$ の $parent$ であるという $hiroshi$ と $maruko$ の関係を表しています。また，述語 $female(maruko)$ は，$maruko$ が $female$ であるという $maruko$ の性質を表しています。ただし，構文論を説明する本節ではこれらの述語について意味に関わるような性質を議論することはしません。本節では，述語を基礎とする述語論理の論理式を形式的に定義します。

3.1.2　述語論理で用いる記号と arity

本項では，述語論理の論理式を定義するために必要となる各種記号について定義します。ただし，定義 3.1 ～ 定義 3.4 は，定義というよりもアルファベッ

---

† 物語の中で「ももこ」は，家族や友達から親しみを込めて「まる子（ちゃん）」と呼ばれており，本書でも「maruko」または「まる子」で統一します。

トの用途の約束ぐらいの意味になります。

それらの記号を定義する前に，**arity** という言葉を説明しておきます。arity とは述語記号や関数記号に対して与えられる引数の個数のことなのですが，例えば述語 $parent(a, b)$ は，述語記号 $parent$ に二つの引数を与えることでできています。このとき $parent$ の arity は 2 です。数学でよく見かける数式 $f(x) = x^2 + 2x + 1$ において，関数記号 f の arity は 1 です。

> **定義 3.1**（述語記号）　個々の**述語記号** (predicate symbol) を抽象的に表記するために，本章では p, q, r の三つの小文字アルファベットと，それらに添字を付けた p_1, q_2 などの記号を用いる。また，必要に応じて適切な英単語を述語記号として用いる。なお，各述語記号には適切な arity（0 以上の整数）が定められているものとする。

述語記号は述語を作るために使われます。抽象的な述語記号 p や q だけでなく，具体的な述語を表すために $parent$, $child$, $male$, $female$, $human$, $mortal$, $bird$, fly など，さまざまな英単語が述語記号として使われます。

> **定義 3.2**（関数記号）　個々の**関数記号** (function symbol) を抽象的に表記するために，本書では f, g の二つの小文字アルファベットと，それらに添字を付けた f_1, g_2 などの記号を用いる。また，必要に応じて適切な英単語を関数記号として用いる。なお，各関数記号には適切な arity（1 以上の整数）が定められているものとする。

関数記号は関数を作るために使われます。ここでいう関数とは（あまり構文論の説明としてはふさわしくないのですが）皆さんが数学でこれまで使ってきた関数と同じものです。定義域と値域を持ち，定義域の要素を引数として与えたらなんらかの計算をして値域の要素を結果として返します。例えば，関数 $f(x) = x^2 + 2x + 1$ の定義域と値域がともに整数の集合 $\mathbb{Z}$ の場合，f に引数として $3(\in \mathbb{Z})$ を与えると，$f(3) = 3^2 + 2 \times 3 + 1$ を計算して $16(\in \mathbb{Z})$ が返ってきます。

> **定義 3.3**（定数記号）　個々の定数を抽象的に表記するために，本書では a, b, c の三つの小文字アルファベットと，それらに添字を付けた a_1, b_2 などの記号を用いる[†]。また，必要に応じて適切な英単語を**定数記号** (constant symbol) として用いる。

> **定義 3.4**（変数）　変数 (variable) を表記するために，本書では x, y, z の三つの小文字アルファベットと，それらに添字を付けた x_1, y_2 などの記号を用いる。

命題論理のときに出てきた命題変数（定義 2.1）は，命題そのものを抽象的に表すために使われます。一方，(定義 3.4) の変数は命題の中に出てくる「もの」を抽象的に表すために使われ，後述する項を対象領域としています。領域が異なることに注意してください。

> **定義 3.5**（項）
> 1. 変数と定数記号は**項** (term) である。
> 2. n を 1 以上の整数，f を arity n の関数記号とする。$t_1, \ldots, t_n$ が項であるならば，$f(t_1, \ldots, t_n)$ は項である。

述語はものとものとの関係やものの性質を表すものだと説明しましたが，「人」「車」「学校」など具体的なものや「旅行」「買い物」「意見」といった抽象的なものなど，さまざまな「ものごと」を表すものが項です。そして個別のものごとを指し示すために使われるのが定数記号，「あるものに」についてとか，「すべてのものについて」など，数量的に幅を持たせてものごとを表すために用いられるのが変数です。

また，関数記号に引数として項を与えると，例えば関数記号 *elder* に対して

[†] 定数記号は本来 arity 0 の関数記号なのですが，本書ではわかりやすさを優先して関数記号と定数記号を区別して表記します。

項 a, b を引数として与えると，$elder(a, b)$ はなんらかのものを表しているのでこれも項です。定数記号も含めなにか個別のものごとを表したものが次に定義する基礎項です。

定義 3.6（**基礎項**, $\mathbb{G}_{term}$）　　変数を含まない項を**基礎項** (ground term) と呼ぶ。基礎項全体からなる集合を本書では $\mathbb{G}_{term}$ と表記する。

〈**例 3.1**〉　f を arity 1 の関数記号とし x を変数とすると $f(x)$ は項です。さらに，g を arity 2 の関数記号とし y を変数とすると $g(y, f(x))$ は項です。a, b, c を定数記号とし，$elder$ を arity 2 の関数記号とすると，a, b, c はそれぞれ項であり，さらに $elder(a, b)$ や $elder(c, x)$ は項です。また，a, b, c と $elder(a, b)$ は基礎項ですが，$f(x), g(y, f(x)), elder(c, x)$ は基礎項ではありません。

定義 3.7（**述語論理の論理演算子と限定子**）　　述語論理の論理式を組み立てるための論理演算子と**限定子** (quantifier) を**表 3.1** によって定める。

表 3.1　論理演算子と限定子

記号	名　前	使用例 (その読み方)
$\neg$	否　定	$\neg E$ (E ではない)
$\wedge$	論理積	$E \wedge F$ (E かつ F)
$\vee$	論理和	$E \vee F$ (E または F)
$\supset$	含　意	$E \supset F$ (E ならば F)
$\forall$	全量限定子	$\forall x E$ (すべての x に対し E)
$\exists$	存在限定子	$\exists x E$ (ある x に対し E)

限定子とは，**全量限定子**と**存在限定子**の総称である。個々の限定子を抽象的に表現するために，本書では $\mathcal{Q}$ または添字付きの $\mathcal{Q}_1, \mathcal{Q}_2$ などの記号を用いる。

ここで，初めて量に関する記号である限定子が出てきました。例えば，$\forall x\ like(x, maruko)$ という記述は「すべての x に対して $like(x, maruko)$ である」と読み，みんな $maruko$ が好きであるという知識を表現します。また，$\exists x\ like(x,$

$maruko$) という記述は「ある x に対して $like(x, maruko)$ である」と読み，誰かが $maruko$ のことを好きであるという知識を表現します。$\forall x E$ または $\exists x E$ のどちらかを一つの式で抽象的に表す必要があるときに，本書では QxE と表記します。

定義 3.1 〜 定義 3.7 に示した記号を用いて，述語論理の論理式は次のように定義されます。

定義 3.8 (述語論理の論理式，原子論理式，リテラル)

1. n を 0 以上の整数，p を arity n の述語記号とする。$t_1, \ldots, t_n$ が項であるならば，$p(t_1, \ldots, t_n)$ は論理式である。ここで定める論理式 $p(t_1, \ldots, t_n)$ を特に**原子論理式** (atomic formula) と呼ぶ[†1]。原子論理式，および原子論理式に否定記号を付けた $\neg p(t_1, \ldots, t_n)$ を総称して**リテラル** (literal) と呼ぶ。また，変数を含まない原子論理式を特に**基礎式** (ground atom) と呼ぶ。基礎式全体からなる集合を本書では $\mathbb{G}_{atom}$ と表記する。

2. E_1, E_2 が述語論理の論理式であるとき，次の各式は述語論理の論理式である。

   $(\neg E_1), (E_1 \wedge E_2), (E_1 \vee E_2), (E_1 \supset E_2)$

3. x を変数とし，E が述語論理の論理式であるとき，次の各式は述語論理の論理式である。

   $(\forall x E), (\exists x E)$

述語論理の論理式を抽象的に表現するために，C, E, F, G の四つの大文字アルファベットと，それらに添字を付けた E_1, F_2 などの記号を用いる[†2]。

[†1] 原子論理式のことを**アトム** (atom) と呼ぶこともあります。また，基礎式を**グランドアトム**と呼ぶことがあります。

[†2] ただし，アルファベット C は，節 (定義 4.2) を表すときのみ使用します。

また，リテラルに対しては L と，それらに添字を付けた L_1, L_2 などの記号も用いる。なお，論理式の一番外側の括弧 ( ) は，混乱のない限り省略できるものとする。

$(\forall x E)$ などのように，論理式の一番外側にある括弧は混乱のない限り省略して $\forall x E$ のように表記します。さらに，複数の限定子による入れ子になった論理式，例えば $(\forall x (\forall y (\exists z E)))$ などの論理式は混乱のない限り，$\forall x \forall y \exists z E$ のように略記します。限定子 $\forall$ と $\exists$ が入ってきたので，部分論理式や論理演算子間の優先順位も定義し直しておきます。

定義 3.9（**部分論理式**） 述語論理の論理式 F を構成する部分論理式を以下のように定義する。

1. F 自身は F の部分論理式である。
2. 述語論理の論理式 E_1, E_2 に対し，F が次のいずれかの形をした論理式であるとき，E_1 の部分論理式と E_2 の部分論理式は F の部分論理式である。

    $(E_1 \wedge E_2), (E_1 \vee E_2), (E_1 \supset E_2)$

3. 述語論理の論理式 E と変数 x に対し，F が次のいずれかの形をした論理式であるとき，E の部分論理式は F の部分論理式である。

    $(\neg E), (\forall x E), (\exists x E)$

定義 3.10（**述語論理の論理演算子および限定子間の優先順位**（$\prec$）） 論理演算子および限定子間の優先順位を表す記号を $\prec$ とする。各演算子間の順序を以下のように定める。

$\supset \prec \vee \prec \wedge \prec \{\forall, \exists, \neg\}$

ただし，$\{\forall, \exists, \neg\}$ は，これらの優先順位が同じであることを示す。また，$\supset$ は右に結合し[†]，$\vee$ と $\wedge$ は左に結合するものとする。これらの規則に従って括弧（ ）を省略した形に書き換えられた表記も論理式とする。

〈**例 3.2**〉 定義 3.10 に基づいて括弧を省略した形で，述語論理の論理式や部分論理式の例を示します。

$female$ を arity 1 の述語記号，$parent, child, mother$ を arity 2 の述語記号とします。また，a, b を定数記号，x, y を変数とします。このとき

- $parent(a, b)$ は 定義 3.8 の 1. により論理式であり原子論理式です。
- $parent(x, y)$ と $child(y, x)$ は 定義 3.8 の 1. により論理式なので，$parent(x, y) \supset child(y, x)$ は 定義 3.8 の 2. により論理式です。したがって，$\forall y \, (parent(x, y) \supset child(y, x))$ は 定義 3.8 の 3. と一番外側の括弧（ ）の省略により論理式となり，同様に $\forall x \forall y \, (parent(x, y) \supset child(y, x))$ も論理式となります。
- $mother(x, y), parent(x, y)$ および $female(x)$ は 定義 3.8 の 1. により論理式なので，$parent(x, y) \wedge female(x) \supset mother(x, y)$ は 定義 3.8 の 2. により論理式です。したがって，$\forall y (parent(x, y) \wedge female(x) \supset mother(x, y))$ は 定義 3.8 の 3. により論理式です。

  さらに，$\forall x (\forall y (parent(x, y) \wedge female(x) \supset mother(x, y)))$ も論理式となり，この式から括弧を省略した $\forall x \forall y (parent(x, y) \wedge female(x) \supset mother(x, y))$ も論理式となります。
- 論理式 $\forall x \forall y (parent(x, y) \wedge female(x) \supset mother(x, y))$ の部分論理式全体からなる集合は次のようになります。

$$\{\forall x \forall y (parent(x, y) \wedge female(x) \supset mother(x, y)),$$
$$\forall y (parent(x, y) \wedge female(x) \supset mother(x, y)),$$

[†] 「右に結合」，「左に結合」の意味は 定義 2.5 の直後の説明を参照してください。

$$parent(x,y) \land female(x) \supset mother(x,y),$$
$$parent(x,y) \land female(x), mother(x,y),$$
$$parent(x,y), female(x)\}$$

- $\forall x \forall y\ parent(x,y) \land female(x) \supset mother(x,y)$ は、演算子間の優先順位の定義より、$(((\forall x \forall y\ parent(x,y)) \land female(x)) \supset mother(x,y))$ の省略形です。

定義 3.11（出現，束縛する出現） 論理式の中に変数が存在する場合，その一つひとつを**出現** (occurence) と呼ぶ。特に，限定子直後に記述されている変数を**束縛する出現** (binding occurence) と呼ぶ。

論理式 $\forall x E$ において，$\forall$ の直後に現れる x が束縛する出現です。そして，E が限定子を含まない場合，E に現れる x が次に定義する束縛変数となるのですが，E に限定子が含まれる場合，x がすべて E の前にある $\forall x$ によって束縛されるわけではありません。Java や C 言語などのプログラミング言語において，ある場所（メソッドや関数）で宣言された変数 x がほかの場所に現れる変数 x とは無関係なように，限定子には有効範囲があります。

次に，有効範囲とその範囲内，範囲外にある変数，および関連する用語を定義しておきます。

定義 3.12（有効範囲，束縛変数，自由変数） F を論理式，$\mathcal{Q}_1$, $\mathcal{Q}_2$ を限定子 ($\forall$ または $\exists$) とし，$(\mathcal{Q}_1 x E_1)$ を F の部分論理式とする。このとき $(\mathcal{Q}_1 x)$ の**有効範囲** (scope) は E_1 に限定される。ただし，E_1 中に $(\mathcal{Q}_2 x E_2)$ という部分論理式が存在する場合，この部分論理式は $(\mathcal{Q}_1 x)$ の有効範囲から除外される。$(\mathcal{Q}_1 x)$ の有効範囲内に存在する変数 x を，$(\mathcal{Q}_1 x)$ によって束縛された出現，あるいは単に F の**束縛変数** (bound variable) と呼ぶ。F に出現する変数で，束縛する出現以外のものであり，かつ F の束縛変数で

ないものを自由な出現，または F の**自由変数** (free variable) と呼ぶ。

定義 3.13（**閉論理式，構文領域** $\mathbb{E}_{pre}$）　自由変数を含まない論理式を**閉論理式** (closed formula) と呼ぶ。すべての閉論理式からなる集合を本書では $\mathbb{E}_{pre}$ と表記し，$\mathbb{E}_{pre}$ を述語論理の**構文領域**と呼ぶ。

有効範囲はスコープとも呼ばれます。有効範囲に関するいくつかの例を見てみましょう。

〈例 3.3〉

- $F_1 = \forall x \forall y (parent(x,y) \land female(x) \supset mother(x,y))$[†]とします。$F_1$ の中で $\forall x$ と $\forall y$ の有効範囲はその右側の $(parent(x,y) \land female(x) \supset mother(x,y))$ 全体に及びます。このとき $(parent(x,y) \land female(x) \supset mother(x,y))$ に出現している変数 x は $\forall x$ によって束縛された変数であり，F_1 の束縛変数です。変数 y も同様に $\forall y$ によって束縛された変数なので，F_1 に自由変数は存在しません。したがって，F_1 は閉論理式となります。

- $F_2 = \forall x \forall y\, parent(x,y) \land female(x) \supset mother(x,y)$ とします。F_2 の中で $\forall x$ と $\forall y$ の有効範囲は $parent(x,y)$ だけです。したがって，$female(x)$ と $mother(x,y)$ 内に出現している x と y は F_2 の自由変数となるので，F_2 は閉論理式ではありません。

- $F_3 = \forall x \forall y (parent(x,y) \land \exists x \exists y (female(x) \supset mother(x,y)))$ とします。F_3 の中で $parent(x,y)$ 内に出現している x と y は $\forall x$ と $\forall y$ によって束縛されています。一方，F_3 の部分論理式 $\exists x \exists y (female(x) \supset mother(x,y))$ は $\forall x$ と $\forall y$ の有効範囲からは除外され，この部分論理式に出現する x と y は $\exists x$ と $\exists y$ によって束縛されています。したがって，$parent(x,y)$ 内に出現している x,y と，$female(x) \supset mother(x,y)$ に出現している x,y とはそれぞれ別の変数になります。

[†] 一番外側の括弧 ( ) は省略しています。

3.2 述語論理の意味論

本節では，述語論理の各論理式に対して真か偽のいずれかを対応させる形式的方法，すなわち述語論理の意味論を学習します．述語論理の論理式の意味は，命題論理のときと同様に解釈という関数を定義し，論理式に解釈を適用することで求まります．この解釈の定義域は $\mathbb{E}_{pre}$（定義 3.13），値域は $\mathbb{B}$（定義 2.6）です．ここまでは命題論理の意味論とよく似ているのですが，しかし述語論理の場合論理式は一般に，$Q_1 x_1 \cdots Q_n x_n p(x_1, \ldots, x_n)$ などのように変数を含む部分論理式を含むため，変数がどのような項に置き換えられるかも考慮する必要があります．

また，変数が束縛変数か自由変数かによってもその扱い方が変わってくるため，本書では，自由変数を含まない閉論理式だけを対象とした少し難易度の低い意味論を学習することにし，できるだけ直感的に理解しやすい方法で，述語論理の意味論を解説します．

3.2.1 対象領域と割当て

命題論理と同様に述語論理の論理式に意味を与える解釈を，アルファベット I を用いて表記しますが，その中身が少し複雑になります．対象領域と呼ばれる集合 D と，各記号に意味を持たせる割当て $\mathcal{A}_D$ を定めることで $I_{(D, \mathcal{A}_D)}$ という形で定義されます．まず，この D と $\mathcal{A}_D$ を定義することから始めましょう．

定義 3.14（対象領域 D）　　対象領域 (domain) とは，空でないなんらかの集合である．本書では対象領域を大文字アルファベット D またはなんらかの添字を付けた D_1, D_{name} などの記号で表記する．以降，本書では D の要素も定数記号に含める．

D とは，領域を表す英単語 $Domain$ の頭文字をとったものです．ところで，

「なんらかの集合である」といわれても意味不明ですよね。いや，ほんとになんでもよいのです。整数全体の集合 $\mathbb{Z}$ でも，その部分集合でも，ある家族 {*tomozou, kotake, hiroshi, sumire, sakiko, maruko*} でも構いません。論理式の中に現れる抽象的な記号に具体的な意味をもたせられるような，具体的な集合がよく使われます。

対象領域 D が定まると，論理式の各記号に具体的な意味を持たせる割当て $\mathcal{A}_D$ が定義でき，割当てを使って論理式[†1]の真偽を判定するための解釈が正確に定義できるようになります。

定義 3.15（割当て $\mathcal{A}_D$） 対象領域を D とする。また，定数記号全体の集合を $\mathbb{C}$，arity n の関数記号全体の集合を $\mathbb{F}_n$，arity n の述語記号全体の集合を $\mathbb{P}_n$ とする。以下のように定める写像を D 上の**割当て**と呼び，$\mathcal{A}_D$ と書く[†2]。

- $\mathbb{C}$ の要素を D の要素に移す。すなわち $a \in \mathbb{C}$ なる a に対し，$\mathcal{A}_D(a) \in D$ である。ただし，$a \in D$ なる定数記号 a に対しては $\mathcal{A}_D(a) = a$ でなければならない。
- $\mathbb{F}_n$ の要素を D^n から D への関数へ移す。すなわち，$f \in \mathbb{F}_n$ なる関数記号 f に対し，$\mathcal{A}_D(f): D^n \to D$ である。
- $\mathbb{P}_n$ の要素を D^n から $\mathbb{B}$ への関数に移す。すなわち，$p \in \mathbb{P}_n$ なる述語記号 p に対し，$\mathcal{A}_D(p): D^n \to \mathbb{B}$ である。

また，以下のようにして $\mathcal{A}_D$ の定義域を基礎項全体および基礎式全体に拡張する。

- $\mathcal{A}_D(f(t_1,\ldots,t_n)) = \mathcal{A}_D(f)(\mathcal{A}_D(t_1),\ldots,\mathcal{A}_D(t_n))$
- $\mathcal{A}_D(p(t_1,\ldots,t_n)) = \mathcal{A}_D(p)(\mathcal{A}_D(t_1),\ldots,\mathcal{A}_D(t_n))$

なお，$\mathcal{A}_D$ の対象領域 D が文脈から明らかな場合は単に $\mathcal{A}$ と表記する。

[†1] 本書では以降，解釈の対象となる論理式を特に断らなくても閉論理式とします。
[†2] 自由変数を含む一般の論理式に対する割当てには，ここに書かれた場合以外に，自由変数に D の値を割り当てる付値関数が必要になります[1]。

以降，割当てを大文字アルファベット $\mathcal{A}$ または添字を付けた $\mathcal{A}_1, \mathcal{A}_{name}$ などの記号で表記する。

$\mathcal{A}$ は，割当てを意味する英単語 Assignment の頭文字です。論理式に出てくる定数記号や関数記号，述語記号はただの文字列であってなんの意味も持ちません。例えば，$elder$ という関数記号に人間が理解している「二人のうち年上のほう」という意味を持たせたり，$parent$ という述語記号に人間が理解している「親である」という意味を持たせるために割当てが用いられます。具体例を見てみましょう。

⟨例 3.4⟩ （定数記号に対する割当て）　例えば，$parent(a, elder(b, c))$ のような論理式に対して解釈を適用し真偽を求めるためには，まず各定数記号に対して領域 D の要素のどれかを割り当てる必要があります。$\mathcal{A}$ は各定数記号に対し，例えば次のような割当てのリストを持っています[†]。

$\{a : hiroshi, b : sakiko, c : maruko, \ldots hiroshi : hiroshi, maruko : maruko, \ldots\}$

⟨例 3.5⟩ （関数記号に対する割当て）　$D = \{tomozou, kotake, hiroshi, sumire, sakiko, maruko\}$ とします。「割当て $\mathcal{A}$ によって，関数記号 $elder$ を D^2 から D への関数に移す」といってもわかりにくいので，具体例で説明します。

$elder$ という関数記号が，人間が理解している「二人のうち年上のほう」という意味を持つ $elder$ という関数として機能するためには，$\mathcal{A}(elder)(hiroshi, maruko)$ という関数呼出しに対し，例えば $hiroshi$ が返ってくるような具体的な関数を割り当てる必要があります。ここでいう具体的な関数とは，どのような D の要素が引数として与えられても D の特定の値を返すことのできる関数のことであり，そのために例えば**表 3.2** のようなものを用意しておきます。

[†] 定義 3.14 にて，D の要素も定数記号に追加されていることに注意して下さい。

表 3.2 *elder* 関数表

$\mathcal{A}(elder)(\cdot,\cdot)$	*tomozou*	*kotake*	*hiroshi*	*sumire*	*sakiko*	*maruko*
tomozou	*tomozou*	*tomozou*	*tomozou*	*tomozou*	*tomozou*	*tomozou*
kotake	*tomozou*	*kotake*	*kotake*	*kotake*	*kotake*	*kotake*
hiroshi	*tomozou*	*kotake*	*hiroshi*	*hiroshi*	*hiroshi*	*hiroshi*
sumire	*tomozou*	*kotake*	*hiroshi*	*sumire*	*sumire*	*sumire*
sakiko	*tomozou*	*kotake*	*hiroshi*	*sumire*	*sakiko*	*sakiko*
maruko	*tomozou*	*kotake*	*hiroshi*	*sumire*	*sakiko*	*maruko*

この表の縦軸が $\mathcal{A}(elder)$ という関数の第 1 引数，横軸が第 2 引数です．この表を見れば，$\mathcal{A}(elder)(hiroshi, maruko)$ の返り値は *hiroshi* だとわかります．*younger* という関数記号に対しても同様に *younger* 関数表を用意しておくなど，解釈の対象となる論理式に現れるすべての関数記号に対応する関数表を用意しておきます．

〈例 3.6〉（**述語記号に対する割当て**）　述語記号に対しても同様の用意をします．D を〈例 3.5〉と同じものとします．*parent* という述語記号に「実の親」という意味を持たせたければ，$\mathcal{A}(parent)(hiroshi, maruko)$ という述語呼出しに対し，例えば $\top$(真) が返ってくるような具体的な述語を割り当てる必要があります．表 3.3 を見てください．

表 3.3 *parent* 述語表

$\mathcal{A}(parent)(\cdot,\cdot)$	*tomozou*	*kotake*	*hiroshi*	*sumire*	*sakiko*	*maruko*
tomozou	$\bot$	$\bot$	$\top$	$\bot$	$\bot$	$\bot$
kotake	$\bot$	$\bot$	$\top$	$\bot$	$\bot$	$\bot$
hiroshi	$\bot$	$\bot$	$\bot$	$\bot$	$\top$	$\top$
sumire	$\bot$	$\bot$	$\bot$	$\bot$	$\top$	$\top$
sakiko	$\bot$	$\bot$	$\bot$	$\bot$	$\bot$	$\bot$
maruko	$\bot$	$\bot$	$\bot$	$\bot$	$\bot$	$\bot$

この表を見れば，$\mathcal{A}(parent)(hiroshi, maruko)$ の返り値は $\top$ だとわかります．*child* という述語記号に対しても同様に *child* 述語表を用意しておくなど，解釈の対象となる論理式に現れるすべての述語記号に対応する述語表を用意しておきます．

割当て $\mathcal{A}$ とは，あらゆる関数記号や述語記号に対する表（*elder* 表や *parent*

表など）と，定義 3.4 に示した定数記号に対する D の要素の割当てリストを集めたものだと思えばよいでしょう．もちろん arity 3 以上の関数記号や述語記号ではさすがに紙面に掲載できる表にはできませんが，考え方は同じです．あらゆる引数の組合せに対し，その結果が詰まっている概念上の表を $\mathcal{A}$ は持っています．基礎項に対する割当てについても具体例で説明します．

〈例 3.7〉（**基礎項に対する割当て**）　定数記号に対する D の要素の割当てリスト $\{a: hiroshi, b: sakiko, c: maruko, \ldots\}$ と関数に対する割当て（関数表）を使うと，論理式 $parent(a, elder(b, c))$ の引数として与えられた各基礎項に D の要素を割り当てることができます．

まず，割当てリスト $\{a: hiroshi, b: sakiko, c: maruko, \ldots\}$ を使って $\mathcal{A}_D(a) = hiroshi$, $\mathcal{A}_D(b) = sakiko$, $\mathcal{A}_D(c) = maruko$ となり，よって $\mathcal{A}_D(elder(b,c)) = \mathcal{A}_D(elder)(\mathcal{A}_D(b), \mathcal{A}_D(c)) = \mathcal{A}_D(elder)(sakiko, maruko)$ となります．さらに，関数記号に対して〈例 3.5〉のような関数が割り当てられているとすると，$\mathcal{A}_D(parent(a, elder(b,c))) = \mathcal{A}_D(parent)(hiroshi, sakiko)$ となり，〈例 3.6〉で示したような述語記号に対する割当てを用いて，最終的に真偽の判定が可能となります．

ところで，述語論理の解釈では，論理式が束縛変数を含む場合に，それらの変数をすべて領域 D の要素で置き換えて変数を含まない形にしてから真偽を判定します．そのために必要となる代入と呼ばれる操作を定義しておきます．

定義 3.16 （**代入，代入例，空代入 ϵ**）　x を変数，t を x と一致しない項としたとき，t/x は x を t で置き換える操作を表す．このような操作の有限集合（$\subsetneq \{t/x \mid t \text{ は項}, x \text{ は変数}\}$）のうち，同じ変数に対する置換えを複数持たないものを**代入 (substitution)** と呼ぶ．代入を抽象的に表現するために本書では θ, σ の二つのギリシャ文字と，それらに添字を付けた θ_1, σ_2 などの記号を用いる．代入 θ が空集合のとき，特にこの代入を**空代入 (empty substitution)** と呼び，ϵ と表記する．

E を項または論理式，$\theta = \{t_1/x_1, \ldots, t_n/x_n\}$ を代入とする。$E\theta$ は E に出現する各自由変数 $x_1, \ldots, x_n$ をそれぞれ $t_1, \ldots, t_n$ で置き換えることにより得られる項または論理式であり，$E\theta$ のことを E の θ による**例** (instance) または**代入例**と呼ぶ。

D をなんらかの対象領域とし，a を D の要素とします。また，論理式 F が，$F = \forall x E$ または $F = \exists x E$ という形をしているとします。述語論理の解釈では，F の値 (真か偽) を求めるために代入を使って，E 中に現れる自由変数 x を a という具体的な値で置き換えます。自由変数の具体化の例を見てみましょう。

〈例 **3.8**〉 対象領域 $D = \{hiroshi, maruko\}$ を使って，自由変数の具体化について説明します。

束縛変数に重複がない場合の例 (単純な場合)
論理式 F が次のような形をしている場合を考えます。

$$F = \forall x \forall y (child(x, y) \supset parent(y, x))$$

F 中の x は束縛変数ですが，F の部分論理式 $\forall y(child(x,y) \supset parent(y,x))$ を E_1 とすると，E_1 中の x はすべて自由変数になります。このとき $E_1\{maruko/x\}$ とは，E_1 中の自由変数 x をすべて $maruko$ で置き換えた下記のような論理式になります。

$$E_1\{maruko/x\} = \forall y(child(maruko, y) \supset parent(y, maruko))$$

E_1 の部分論理式 $child(x,y) \supset parent(y,x)$ を E_2 とします。この場合 x と y が E_2 の自由変数となります。複数の自由変数に対する代入は下記のように表記します。

$$E_2\{maruko/x, hiroshi/y\}$$
$$= child(maruko, hiroshi) \supset parent(hiroshi, maruko)$$

束縛変数に重複がある場合の例 (複雑な場合)

論理式 F が次のような形をしている場合を考えます。

$$F = \forall x \forall y (child(x,y) \supset (\exists x\, parent(y,x)))$$

F 中には x が束縛変数として 2 か所現れますが，これらが含まれるスコープが違うため，これらの x はそれぞれ異なる変数です。そのため F の部分論理式 $E = \forall y(child(x,y) \supset (\exists x\, parent(y,x)))$ において，$child(x,y)$ 中の x は自由変数ですが，$parent(y,x)$ 中の x は束縛変数のままです。このとき $E\{maruko/x\}$ は，E 中の自由変数 x を $maruko$ で置き換えた下記のような論理式です。

$$E\{maruko/x\} = \forall y(child(maruko,y) \supset (\exists x\, parent(y,x)))$$

$parent(y,x)$ 中の x は具体化の影響を受けないことに注意してください。

3.2.2 述語論理の解釈

対象領域と割当てを用いて，述語論理の解釈を定義します。

定義 3.17 (述語論理の解釈 $I_{(D,\mathcal{A})}$ と，解釈による論理式の値)　　対象領域 D と割当て $\mathcal{A}$ が与えられたとき，これらの組から以下の規則によって定義される関数 $\mathbb{E}_{pre} \to \mathbb{B}$ を述語論理の**解釈** (interpretation) といい，$I_{(D,\mathcal{A})}$ と表記する[†]。ただし，以下の規則において $F, E, E_1, E_2 \in \mathbb{E}_{pre}$ とする。

1. F が原子論理式の場合：$n \in \mathbb{N}, t_1, \ldots, t_n \in \mathbb{G}_{term}$ とし，$F = p(t_1, \ldots t_n)$ とする。このとき，$I_{(D,\mathcal{A})}(F) = \mathcal{A}(p)(\mathcal{A}(t_1), \ldots, \mathcal{A}(t_n))$ である。

2. $F = \neg E$ の場合：$I_{(D,\mathcal{A})}(F) = \begin{cases} \bot & I_{(D,\mathcal{A})}(E) = \top \text{ の場合} \\ \top & \text{その他の場合} \end{cases}$

[†] $\mathcal{A}$ および I という記号は命題論理においてもそれぞれ割当てや解釈として使用しますが，文脈によって区別します。

3. $F = E_1 \wedge E_2$ の場合：$I_{(D,\mathcal{A})}(F) = \begin{cases} \top & I_{(D,\mathcal{A})}(E_1) = \top \text{ かつ} \\ & I_{(D,\mathcal{A})}(E_2) = \top \text{ の場合} \\ \bot & \text{その他の場合} \end{cases}$

4. $F = E_1 \vee E_2$ の場合：$I_{(D,\mathcal{A})}(F) = \begin{cases} \bot & I_{(D,\mathcal{A})}(E_1) = \bot \text{ かつ} \\ & I_{(D,\mathcal{A})}(E_2) = \bot \text{ の場合} \\ \top & \text{その他の場合} \end{cases}$

5. $F = E_1 \supset E_2$ の場合：$I_{(D,\mathcal{A})}(F) = \begin{cases} \bot & I_{(D,\mathcal{A})}(E_1) = \top \text{ かつ} \\ & I_{(D,\mathcal{A})}(E_2) = \bot \text{ の場合} \\ \top & \text{その他の場合} \end{cases}$

6. $F = \forall x E$ の場合：$I_{(D,\mathcal{A})}(F) = \begin{cases} \bot & I_{(D,\mathcal{A})}(E\{a/x\}) = \bot \text{ となるよ} \\ & \text{うな } D \text{ の要素 } a \text{ が存在する場合} \\ \top & \text{その他の場合} \end{cases}$

7. $F = \exists x E$ の場合：$I_{(D,\mathcal{A})}(F) = \begin{cases} \top & I_{(D,\mathcal{A})}(E\{a/x\}) = \top \text{ となるよ} \\ & \text{うな } D \text{ の要素 } a \text{ が存在する場合} \\ \bot & \text{その他の場合} \end{cases}$

なお，D と $\mathcal{A}$ が文脈から明らかな場合，あるいは混乱が生じない場合，$I_{(D,\mathcal{A})}$ を I と略記する．規則 1.～ 7. により定まる真理値 $I(F)$ を，解釈 I による F の値と呼ぶ．また，解釈が文脈から明らかな場合は，単に F の値と呼ぶ．

3.2 述語論理の意味論

⟨例 3.9⟩ 数理論理学の教科書では定番中の定番である論理式をサンプルとして使って，解釈とその適用方法を具体的に見てみましょう．F を下記のような論理式とします．

$$F = \forall x(human(x) \supset mortal(x)) \land human(c) \supset mortal(c)$$

論理式 F は，二つの前提条件，$\forall x(human(x) \supset mortal(x))$「人間ならば誰しも死ぬ運命にある」と $human(c)$「c は人間である」から，$mortal(c)$「c は死ぬ運命にある」という結論を導く三段論法を表しています．

この論理式に対する解釈の一例として $I_{(D,\mathcal{A})}$ を以下のようなものとします．

$D = \{nello, patrasche\}^\dagger$，$\mathcal{A}$ における各記号の割当ては次のとおりとします．

$\mathcal{A}(c) = nello$，$\mathcal{A}(human)$ は表 **3.4** で定まる述語，$\mathcal{A}(mortal)$ は表 **3.5** で定まる述語．

表 **3.4** $human$ 述語表

$\mathcal{A}(human)(\cdot)$	
$nello$	⊤
$patrasche$	⊥

表 **3.5** $mortal$ 述語表

$\mathcal{A}(mortal)(\cdot)$	
$nello$	⊤
$patrasche$	⊤

⟨例 3.9⟩ で示した解釈を使って，論理式の意味がどのように計算されるか見てみましょう．

命題 3.1 論理式 F と解釈 $I_{(D,\mathcal{A})}$ を ⟨例 3.9⟩ で与えたものとする．このとき，$I_{(D,\mathcal{A})}(F) = \top$ である．

---

† $mortal$ という言葉はあのご一家にはふさわしくないので，別の物語の有名ペアを使わせていただきます．

証明 $I_{(D,\mathcal{A})}$ を I と略記する。論理式 F に対し次に示すように E_1 と E_2 を定めると，$F = E_1 \supset E_2$ と表すことができる。

$$F = \underbrace{\forall x(human(x) \supset mortal(x)) \wedge human(c)}_{E_1} \supset \underbrace{mortal(c)}_{E_2}$$

このとき(定義 3.17)の規則 5. より，$I(F)$ は以下のようになる。

$$I(F) = \begin{cases} \bot & I(E_1) = \top \text{ かつ } I(E_2) = \bot \text{ の場合} \\ \top & \text{その他の場合} \end{cases} \tag{3.1}$$

$I(F)$ を計算するために，まず $I(E_1)$ を求める。E_1 に対し，次に示すように E_{11} と E_{12} を定めると，$E_1 = E_{11} \wedge E_{12}$ と表すことができる。

$$E_1 = \underbrace{\forall x(human(x) \supset mortal(x))}_{E_{11}} \wedge \underbrace{human(c)}_{E_{12}}$$

このとき(定義 3.17)の規則 3. より，$I(E_1)$ は以下のようになる。

$$I(E_1) = \begin{cases} \top & I(E_{11}) = \top \text{ かつ } I(E_{12}) = \top \text{ の場合} \\ \bot & \text{その他の場合} \end{cases} \tag{3.2}$$

$I(E_{12})$ の値は，解釈 I の割当て $\mathcal{A}$（表 3.4）により以下のようになる。

$$\begin{aligned} I(E_{12}) &= I(human(c)) \\ &= \mathcal{A}(human)(\mathcal{A}(c)) \\ &= \mathcal{A}(human)(nello) = \top \end{aligned} \tag{3.3}$$

また，(定義 3.17)の規則 6. より，$I(E_{11})$ の値は以下のようになる。

$$I(E_{11}) = \begin{cases} \bot & I((human(x) \supset motal(x))\{a/x\}) = \bot \text{ となるような} \\ & D \text{ の要素 } a \text{ が存在する場合} \\ \top & \text{その他の場合} \end{cases} \tag{3.4}$$

$I(E_{11})$ の値を求めるために，$I(human(a) \supset motal(a)) = \bot$ となるような a が D の要素として存在するかどうかを調べる。まず，$nello$ の場合を計算する。(定義 3.17)の規則 5. と割当て $\mathcal{A}$ により

$$\begin{aligned} & I(human(nello) \supset mortal(nello)) \\ &= \begin{cases} \bot & I(human(nello)) = \top \text{ かつ } I(mortal(nello)) = \bot \text{ の場合} \\ \top & \text{その他の場合} \end{cases} \\ &= \top \quad (\text{表 3.5 より } I(mortal(nello)) = \top \text{ なので}) \end{aligned}$$

$patrasche$ の場合も同様に計算する.

$I(human(patrasche) \supset mortal(patrasche))$
$= \begin{cases} \bot & I(human(patrasche)) = \top \text{ かつ } I(mortal(patrasche)) = \bot \text{ の場合} \\ \top & \text{その他の場合} \end{cases}$
$= \top \qquad$ (表 3.4 より $I(human(patrasche)) = \bot$ なので)

したがって,$I(human(a) \supset motal(a)) = \bot$ となるような a が D の要素として存在しないため,式 (3.4) より $I(E_{11}) = \top$ となる.この結果と式 (3.3) で求めた $I(E_{12}) = \top$ を式 (3.2) に当てはめると $I(E_1) = \top$ となる.一方,$I(E_2)$ の値は割当て $\mathcal{A}$ より次式のように求まる.

$$I(E_2) = I(mortal(c)) = \mathcal{A}(mortal)(\mathcal{A}(c)) = \mathcal{A}(mortal)(nello) = \top$$

以上の結果を式 (3.1) に当てはめると,$I(F) = \top$ となる. □

3.2.3 述語論理の論理式の性質 (恒真,充足可能,充足不能) とモデル

述語論理の論理式に対しても,2.2.3 項で定義した性質がそのまま当てはまります.命題論理の論理式と同様,どのような解釈の下でも真になる論理式は恒真な論理式,ある解釈の下で真になる論理式を充足可能な論理式,どのような解釈の下でも偽になる論理式は充足不能な論理式といいます.〈例 3.9〉で示した論理式 F が,ある解釈の下で真になることを 命題 3.1 で示しましたので,F は充足可能です[†].

これらの論理式の性質を定める解釈にも,モデルという性質があります.

定義 3.18 (モデル)　　論理式 F と解釈 I において $I(F) = \top$ となるとき,I を F の**モデル** (model) と呼ぶ.

例えば,F と I をそれぞれ〈例 3.9〉で示した論理式と解釈とすると,I は F のモデルとなります.論理式の各記号に具体的な割当てを行い,真偽の判定をするのが解釈でしたので,モデルとは,その論理式が真になるような「モデルケース」とでもいったところでしょう.

[†] F はそれだけでなく,あらゆる解釈の下で真になるので恒真です.

3.3 述語論理の論理式の等価性

命題論理と同様に，述語論理の閉論理式間にも等価性が定義されます。形の異なる二つの論理式は，それらの意味が同じ時に等価とみなされ置き換えることが許されます。この性質を利用して，任意の論理式を標準系と呼ばれる決まった形をした論理式に置き換えることができ，次章で説明する導出原理が使えるようになります。導出原理を使うと，命題 3.1 で示したような証明を人間がしなくても，与えられた論理式が充足不能であるならばそのことを機械的に証明することができます。

3.3.1 等価性の定義

二つの述語論理の閉論理式がどのような場合に同じものとみなされ，たがいに交換可能になるかを判断するための等価性を定義します。

定義 3.19（論理的帰結（$\models$））　　F を述語論理の論理式，$\mathcal{E}$ を述語論理の論理式の集合，すなわち $\mathcal{E} \subseteq \mathbb{E}_{pre}$ とする。

「$\mathcal{E}$ 中の任意の論理式 E に対し $I(E) = \top$ となるような任意の解釈 I の下で $I(F) = \top$」

となるとき，F は $\mathcal{E}$ の**論理的帰結**といい，$\mathcal{E} \models F$ と表記する。

少しややこしいので，図 **3.2** を使って説明します。まず論理式の集合 $\mathcal{E}$ を $\{E_1, E_2, \ldots, E_n\}$ とします。そして $E_1, E_2, \ldots, E_n$ にとって共通のモデル I_1 を考えます。すなわち $I_1(E_1) = \top, I_1(E_2) = \top, \ldots, I_1(E_n) = \top$ です。一般には，そのようなモデルは無限個存在する可能性があるので，それらを全部集めたものを $\{I_1, I_2, \ldots, I_m, \ldots\}$ とします。

これらすべての解釈が F のモデルになっている，つまり $I_1(F) = \top, \ldots, I_m(F) = \top, \ldots$ が成り立っているとき，F が $\mathcal{E}$ の論理的帰結といいます。上記の関係

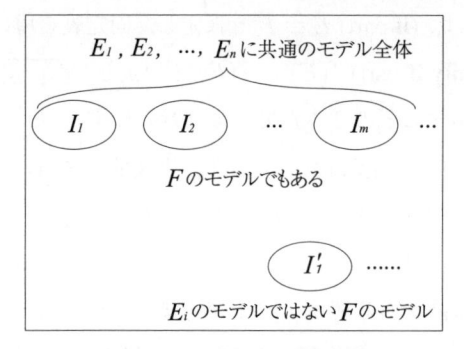

図 3.2 論理的帰結の概念図

さえ成り立っていればよいので，F はこれら以外にもモデルを持っていても構いません（図 3.2 の中の I'_1 など）。

また，命題論理のときと同様（定義 2.10 の直後の説明），$\mathcal{E} = \{E\}$ のように $\mathcal{E}$ が要素一つからなる集合であるとき，$\{E\} \models F$ を $E \models F$ と表記し，F は E の論理的帰結であるといいます。

定義 3.20（**論理的に等価**（$\equiv$））　E と F を閉論理式とする。F が E の論理的帰結であり，かつ，E が F の論理的帰結であるとき，論理式 E と F は論理的に等価であるといい，$E \equiv F$ と記述する。また，$\equiv$ のことを**論理的等価関係**と呼ぶ。

つまり，二つの論理式が論理的に等価であるとは，それぞれのモデルの集合が完全に一致することであり，図 3.2 でいえば I'_1 のような解釈が存在しない状態をいいます。このことを形式的に示したものが 定理 3.1 です。

定理 3.1　E と F を述語論理の閉論理式とする。このとき以下の条件が成り立つ。

$$E \equiv F \ \textbf{iff} \ 任意の解釈 I に対し I(E) = I(F)$$

定理 3.1 の証明は，(if part) $E \equiv F$ を仮定し，同定義を用いて $I(E) = I(F)$ を示すことと，(only if part) $I(E) = I(F)$ を仮定し 定義 3.20 と 定義 3.19 を用いて $E \equiv F$ を示すことの 2 本だてにより行います。

〈例 3.10〉 E_1, E_2 を閉論理式とします。構文的にまったく違う二つの論理式がたがいに等価になることの例として，$E_1 \supset E_2 \equiv \neg E_1 \lor E_2$ が成り立つことを見てみましょう。

E_1 と E_2 の真偽がある解釈 I の下で定まっているとします。このとき $E_1 \supset E_2$ の値は 定義 3.17 の規則 5. によって以下のように定まります。

$$I(E_1 \supset E_2) = \begin{cases} \bot & I(E_1) = \top \text{ かつ } I(E_2) = \bot \text{ の場合} \\ \top & \text{その他の場合} \end{cases} \quad (3.5)$$

一方，$\neg E_1 \lor E_2$ の値は，定義 3.17 の規則 2. と規則 4. により以下のように定まります。

$$I(\neg E_1 \lor E_2) = \begin{cases} \bot & I(E_1) = \top \text{ かつ } I(E_2) = \bot \text{ の場合} \\ \top & \text{その他の場合} \end{cases} \quad (3.6)$$

E_1 に ¬ がついていることから規則 2. により，式 (3.6) 右辺の 1 行目が $\bot$ $I(E_1) = \top \cdots$ となっていることに注意してください。これにより式 (3.5) と式 (3.6) の右辺どうしが完全に一致することがわかります。解釈 I がどのように変わろうとも，E_1, E_2 がどのような論理式であろうとも，式 (3.5) と式 (3.6) の右辺は同じ解釈 I と論理式 E_1, E_2 を使っていることから，任意の解釈に対して $E_1 \supset E_2$ と $\neg E_1 \lor E_2$ の値は一致します。

論理的等価関係は，定義 1.1 で述べた同値関係です。特に推移律は，論理式がたがいに等価であるかどうかを $E_1 \equiv E_2, E_2 \equiv E_3, \cdots E_{n-1} \equiv E_n$ のように繰り返し調べていくことで，$E_1 \equiv E_n$ を示すために用いられます。

定理 3.2 論理的等価関係 $\equiv$ は同値関係である。

3.3 述語論理の論理式の等価性

証明は，以下のように同値関係の持つ三つの条件を $\equiv$ が満たすことを示すことで行います．

- 反射律： 任意の閉論理式 E に対して $E \equiv E$
- 対象律： 任意の閉論理式 E と F に対して「$E \equiv F$ ならば $F \equiv E$」
- 推移律： 任意の閉論理式 E, F, G に対し，「$E \equiv F$ かつ $F \equiv G$ ならば $E \equiv G$」

証明 反射律 $E \equiv E$ については，左辺の E が右辺の E の論理的帰結であり，右辺の E が左辺の E の論理的帰結であることは (定義 3.19) より明らかである．したがって，(定義 3.20) より $E \equiv E$ となる．対称律，推移律についても同様に証明できる． □

3.3.2 限定子を含む等価な論理式

〈例 3.10〉で示した $E_1 \supset E_2 \equiv \neg E_1 \vee E_2$ 以外にも，〈例 2.6〉に示したすべての等価な論理式のペアは述語論理の閉論理式としても等価です．さらに，述語論理の場合には，限定子に関する注意すべき等価な閉論理式が存在します．本項では限定子を含む述語論理の閉論理式どうしを $\equiv$ で関係付けるさまざまな等式を紹介し，なぜ $\equiv$ の左辺と右辺の閉論理式がたがいに等価になるか直感的に説明します．

限定子に関わるド・モルガンの法則

$$\neg(\forall x E) \equiv \exists x(\neg E), \qquad \neg(\exists x E) \equiv \forall x(\neg E)$$

「すべての x に対して E である」の否定は，「すべての x に対して E でない」ではありません．例えば，$\forall x$（ジャイアント馬場は x に勝つ）つまり「ジャイアント馬場はどんな x にも勝つ」という言明の否定は，無敵を否定するような例外が一人でもいればよいので，$\exists x$（ジャイアント馬場は x に勝てない）となります．同様に「ある x に対して E である」とは，E が成立するような x が存在するといっているので，その否定はそんな x が存在しないこと，つまり「どんな x に対しても E ではない」となります．

∧と∨に関わる限定子のスコープの拡張

① $\forall x E \wedge F \equiv \forall x (E \wedge F)$, ② $E \wedge \forall x F \equiv \forall x (E \wedge F)$

③ $\exists x E \wedge F \equiv \exists x (E \wedge F)$, ④ $E \wedge \exists x F \equiv \exists x (E \wedge F)$

⑤ $\forall x E \vee F \equiv \forall x (E \vee F)$, ⑥ $E \vee \forall x F \equiv \forall x (E \vee F)$

⑦ $\exists x E \vee F \equiv \exists x (E \vee F)$, ⑧ $E \vee \exists x F \equiv \exists x (E \vee F)$

これら 8 個の等式のうち①を説明します．$\forall x E \wedge F$ は閉論理式なので，F も閉論理式です．したがって，F の中に x が出現していたとしても，例えば $F = \exists x\, female(x)$ などのようにそれはすべて束縛された出現になっています．そのため右辺のように $\forall x$ のスコープが広がったとしても，つまり $\forall x (E \wedge \exists x\, female(x))$ のようになったとしても $\exists x\, female(x)$ の中の x は $\forall x$ の影響を受けません．その他の等式も同様です．

⊃ に関わる限定子の変更と移動

$\forall x E \supset F \equiv \exists x (E \supset F)$

$\exists x E \supset F \equiv \forall x (E \supset F)$

$E \supset \forall x F \equiv \forall x (E \supset F)$

$E \supset \exists x F \equiv \exists x (E \supset F)$

一つめの等式の左辺 $\forall x E \supset F$ は，〈例 3.10〉で述べたように $\neg(\forall x E) \vee F$ と等価です．さらに，$\neg(\forall x E) \vee F$ は限定子に関わるド・モルガンの法則により $\exists x (\neg E) \vee F$ と等価であり，∧ と ∨ に関わる限定子のスコープの拡張のところで述べたように $\exists x (\neg E \vee F)$ と等価です．そして，再び〈例 3.10〉で示した ∨ と ⊂ の変換を使うことで $\exists x (\neg E \vee F)$ が $\exists x (E \supset F)$ と等価であることがわかります．ほかの等式も同様に説明できます．

限定子の分配　　ほかの場合と違い，ここでは E と F において変数 x の自

3.3 述語論理の論理式の等価性

由な出現があっても構いません†。このとき下記の二つの等式が成り立ちます。

$$\forall x E \wedge \forall x F \equiv \forall x (E \wedge F) \tag{3.7}$$

$$\exists x E \vee \exists x F \equiv \exists x (E \vee F) \tag{3.8}$$

式 (3.7) の左辺において，二つの x の出現している場所はスコープが異なるため，一見左辺は，x が一つのスコープ内の変数として扱われている右辺と等価になるようには思えません。しかし，解釈による両辺の意味を考えると疑問が解消します。例えば，$E = human(x), F = mortal(x)$ とし，解釈 I を $I_{(\{nello, patrasche\}, \mathcal{A})}$ とします。定義 3.17 の規則 6. によると

$$I(\forall x\, human(x)) = \begin{cases} \bot & I(human(x)\{a/x\}) = \bot \text{ となるような} \\ & D \text{ の要素 } a \text{ が存在する場合} \\ \top & \text{その他の場合} \end{cases}$$

となり，$a = nello$ と $a = patrasche$ のどちらの場合も $I(human(x)\{a/x\})$ が $\top$ になる場合，つまり $human(nello) \wedge human(patrasche)$ の値が $\top$ の場合にのみ $\forall x\, human(x)$ の値は $\top$ になります。$\forall x\, mortal(x)$ の値も同様に計算されるので，結局 $\forall x E \wedge \forall x F$ の値は下記の値を $\mathcal{A}$ の割当てに従って計算することで求まります。

$$human(nello) \wedge human(patrasche) \wedge mortal(nello) \wedge mortal(patrasche)$$

同様に右辺の $\forall x (E \wedge F)$ の値も

$$human(nello) \wedge mortal(nello) \wedge human(patrasche) \wedge mortal(patrasche)$$

の値の計算により求まり，これら 2 式は基礎式の並び順が異なるだけなので，割当て $\mathcal{A}$ がどのようなものであったとしても，〈例 2.6〉で示した交換律と結合律を適用することによりたがいに等価な式となります。具体例で説明しました

---

† つまり，$\forall x E$ のように限定子が付いて初めて閉論理式となるような場合です。

が，どのような論理式 E, F に対しどのような解釈の下でも式 (3.7) が一般に成り立つことが証明できます．

式 (3.8) も上記の説明の $\forall$ を $\exists$ に，$\wedge$ を $\vee$ に換え，定義 3.17 の規則 7. を使うと，左辺と右辺が下記 2 式と等価になり，左辺と右辺が等価になります．

左辺 $\equiv$

$human(nello) \vee human(patrasche) \vee mortal(nello) \vee mortal(patrasche)$

右辺 $\equiv$

$human(nello) \vee mortal(nello) \vee human(patrasche) \vee mortal(patrasche)$

α 変換による等価な式 　　限定子の分配は，式 (3.7)，(3.8) で示したように，$\forall$ に対しては $\wedge$，$\exists$ に対しては $\vee$ の場合にのみ成立し，これらが入れ替わった式では成立しません．

$$\forall x E \vee \forall x F \not\equiv \forall x (E \vee F) \tag{3.9}$$

$$\exists x E \wedge \exists x F \not\equiv \exists x (E \wedge F) \tag{3.10}$$

式 (3.9) の両辺の値を式 (3.7) のときと同じ解釈の下で計算しようとすると，左辺と右辺の値がそれぞれ下記の 2 式の値となり，これらは交換律や結合律を使ってもたがいに等価な論理式にはなりません．また，割当て $\mathcal{A}$ の与え方によって値がたがいに異なることがあります[†]．

左辺 $\equiv$

$human(nello) \wedge human(patrasche) \vee mortal(nello) \wedge mortal(patrasche)$

右辺 $\equiv$

$(human(nello) \vee mortal(nello)) \wedge (human(patrasche) \vee mortal(patrasche))$

[†] 例えば $\mathcal{A}(human)(patrasche) = \bot$, $\mathcal{A}(mortal)(nello) = \bot$, それら以外の割当ては $\top$ とすると，左辺と右辺の値はたがいに異なります．

3.3 述語論理の論理式の等価性

$\forall x E \lor \forall x F$ を，これと等価で式 (3.7) の右辺のように限定子を 1 か所にまとめた式と置き換えるためには，α 変換と呼ばれる操作が必要になります．

> **定義 3.21**（**α 変換**）　Q を限定子 ($\forall$, または $\exists$) とする．また述語論理の論理式 E に対し，x を E に出現する自由変数とする．さらに，y は E に自由に出現しない変数とする．論理式 QxE に対し，E 中に現れる x をすべて y に置き換え，論理式 $QyE\{y/x\}$ を得ることを **α 変換**（α conversion）と呼ぶ．

定義 3.21 で「x を E に出現する自由変数とする」とありますが，$F = QxE$ と置くと，x は F に出現する束縛変数です．α 変換は，束縛変数を別の束縛変数に置き換えるための操作であることに注意してください．

> **定理 3.3**　述語論理の任意の論理式 F に対し，F は F に α 変換を施した式と等価である．

証明は，F の構造に対する帰納法で行うことができます．

〈例 3.11〉　$\forall x\, human(x)$ という論理式に対して，α 変換により束縛変数 x を y に置き換えると $\forall y\, human(y)$ になります．両式の意味は 定義 3.17 の規則 6. によって計算され，どのような解釈の下でもまったく同じ値になるため，両式はたがいに等価です．この式だけでなくどのような述語論理の論理式も，α 変換を施した式と等価になります．

話を式 (3.9) に戻します．E に自由に出現しない変数を一つ選び，それを y とします．$\forall x E \lor \forall x F$ は，二つめの束縛変数 x を y に置き換える α 変換を施した $\forall x E \lor \forall y F\{y/x\}$ と等価です．この α 変換後の式に対し $\land$ と $\lor$ に**関わる限定子のスコープの拡張** ⑤ を適用すると，$\forall x (E \lor \forall y F\{y/x\})$ が得られ，E 中に y が自由変数として出現していないので，$\forall y$ のスコープを E に広げることができ，$\forall x (\forall y (E \lor F\{y/x\}))$ が得られます．

3.3.3 等価な論理式一覧（変換規則）

〈例 2.6〉で示した等価な閉論理式に加え，3.3.2 項で示した限定子を含む等価な閉論理式を一覧として示します。

これらは 4.1 節において論理式を標準形と呼ばれる形に変換する際の規則として用いられます。なお，下記の規則 1.～12. と，規則 17.～20. は両辺が閉論理式でなくても規則として使えます。すなわち，閉論理式の中にこれらの規則の左辺または右辺が部分論理式として現れた場合，それを規則の右辺または左辺に置き換えると，元と等価な論理式が得られます。また，その他の規則も，左辺に x が自由に出現しなければ規則として使えます。

1. $E \land F \equiv F \land E$　（交換律）
2. $E \lor F \equiv F \lor E$　（交換律）
3. $E \land (F \land G) \equiv (E \land F) \land G$　（結合律）
4. $E \lor (F \lor G) \equiv (E \lor F) \lor G$　（結合律）
5. $\neg\neg E \equiv E$　（二重否定律）
6. $E \land (F \lor G) \equiv (E \land F) \lor (E \land G)$　（分配律）
7. $E \lor (F \land G) \equiv (E \lor F) \land (E \lor G)$　（分配律）
8. $\neg(E \land F) \equiv \neg E \lor \neg F$　（ド・モルガンの法則）
9. $\neg(E \lor F) \equiv \neg E \land \neg F$　（ド・モルガンの法則）
10. $E \supset F \equiv \neg E \lor F$
11. $\neg(\forall x E) \equiv \exists x(\neg E)$　（限定子に関わるド・モルガンの法則）
12. $\neg(\exists x E) \equiv \forall x(\neg E)$　（限定子に関わるド・モルガンの法則）
13. $\forall x E \land F \equiv \forall x (E \land F), E \land \forall x F \equiv \forall x (E \land F)$　（スコープ拡張）
14. $\exists x E \land F \equiv \exists x (E \land F), E \land \exists x F \equiv \exists x (E \land F)$　（スコープ拡張）
15. $\forall x E \lor F \equiv \forall x (E \lor F), E \lor \forall x F \equiv \forall x (E \lor F)$　（スコープ拡張）
16. $\exists x E \lor F \equiv \exists x (E \lor F), E \lor \exists x F \equiv \exists x (E \lor F)$　（スコープ拡張）
17. $\forall x E \land \forall x F \equiv \forall x (E \land F)$　（限定子の分配）
18. $\exists x E \lor \exists x F \equiv \exists x (E \lor F)$　（限定子の分配）
19. $\forall x E \lor \forall x F \equiv \forall x \forall y (E \lor F\{y/x\})$　（y は E, F に自由に出現しない変数）

20. $\exists x E \wedge \exists x F \equiv \exists x \exists y (E \wedge F\{y/x\})$ (y は E, F に自由に出現しない変数)
21. $\forall x E \supset F \equiv \exists x (E \supset F)$
22. $\exists x E \supset F \equiv \forall x (E \supset F)$
23. $E \supset \forall x F \equiv \forall x (E \supset F)$
24. $E \supset \exists x F \equiv \exists x (E \supset F)$
25. $\forall x E \equiv E, \exists x E \equiv E$ （ただし，E に x が自由に出現しない場合）

規則 13.～16. にはそれぞれ二つの等式を並べましたが，左側の等式に対し規則 1. や規則 2. の交換律を適用するとすぐに右側の等式が得られるため，これら二つは一つの規則としてまとめました。

演 習 問 題

【1】 次の例を参考に，述語論理の論理式 (a), (b), (c) を構成要素に分解せよ。

   論理式 : $\exists y (\neg child(f(x, maruko), y))$
   論理演算子: $\neg$ 量限定子 : $\exists$
   関数記号: f 定数記号 : $maruko$
   変 数: x, y 項 : $f(x, maruko), y, x, maruko$
   述語記号: $child$ 原子論理式 : $child(f(x, maruko), y)$

(a) 論理式：$\forall y \exists x\, human(y) \supset parent(x, y)$
(b) 論理式：$\forall x \forall y (parent(x, y) \wedge female(x) \supset mother(x, y))$
(c) 論理式：$\forall x (human(x) \supset mortal(x)) \wedge human(c) \supset mortal(c)$

【2】 〈例 3.2〉に，問【1】(b) に示した論理式の部分論理式全体からなる集合を示した。これを参考に，問【1】(a) と問【1】(c) の論理式に対しても，それぞれの部分論理式全体からなる集合を求めよ。

【3】 論理式 $\forall x_1 (parent(x_1, x_2) \wedge \exists x_4 (female(x_3) \supset mother(x_3, x_4)))$ に出現する各変数 x_i を，束縛する出現，自由変数，束縛変数に分類せよ。

【4】 論理式 F を問【1】(c) で与えたものとする。この論理式に対する解釈 $I_{(D, \mathcal{A})}$ を以下のようなものとする。$D = \{katuo, patrasche\}$，$\mathcal{A}$ における各記号の割当ては次のとおりとする。$\mathcal{A}(c) = katuo$, $\mathcal{A}(human)$ は表 **3.6** で定まる述語，$\mathcal{A}(mortal)$ は表 **3.7** で定まる述語である。

表 3.6 $human$ 述語表

$\mathcal{A}(human)(\cdot)$	
$katuo$	$\top$
$patrash$	$\bot$

表 3.7 $mortal$ 述語表

$\mathcal{A}(mortal)(\cdot)$	
$katuo$	$\bot$
$patrash$	$\top$

命題 3.1 の証明を参考に，この解釈 I の下でも $I(F) = \top$ であることを証明せよ．

【5】 論理式 $F = \forall x(bird(x) \supset fly(x))$ に対し，解釈を $I_{(D,\mathcal{A})}$ として与える．

ただし，$D = \{pichi, tama\}$ とし，$\mathcal{A}$ における各記号の割当ては次のとおりとする．$\mathcal{A}(bird)$ は表 3.8 で定まる述語，$\mathcal{A}(fly)$ は表 3.9 で定まる述語である．この解釈 I が F のモデルであることを証明せよ．

表 3.8 $bird$ 述語表

$\mathcal{A}(bird)(\cdot)$	
$pichi$	$\top$
$tama$	$\bot$

表 3.9 fly 述語表

$\mathcal{A}(fly)(\cdot)$	
$pichi$	$\top$
$tama$	$\bot$

【6】 p. 74 の規則 11. と規則 12. に示した等式 (限定子に関するド・モルガンの法則) が成り立つことを証明せよ．任意の解釈 I の下で，等式の両辺が同じ値になることを 定義 3.17 を用いて示せばよい．

4 導出原理

本章では論理式の充足不能性を機械的に証明するために用いられる導出原理を学習します。〈例 3.9〉で示した論理式 F が，ある解釈 I の下で真になることを 命題 3.1 で示したので，F が充足可能であると 3.2.3 項で述べました。それだけでなく，その他あらゆる解釈の下でも F は真になるので恒真な論理式なのですが，命題 3.1 と同じような方法でそれを証明しようとするととてもたいへんな作業になります。あらゆる解釈を相手にしなければならないからです。

このような問題に対処するため，J.A.Robinson[8] により導出原理が提案されました。導出原理とは，与えられた閉論理式が充足不能ならば必ずそのことを証明できる方法を与えるための手順であり†，三段論法に基づく述語論理の推論規則となっています。そして，Prolog など論理型言語における推論機構の基礎原理となっています。導出原理は節集合と呼ばれる決まった形をした論理式の集合のみを対象とした規則なので，本章ではまず任意の閉論理式に対し，それに対応する節集合を導く方法から説明します。

4.1 論理式の標準形

本節では述語論理の任意の閉論理式に対して，それに対応する節集合を導く方法をいくつかのステップに分けて説明します。本書では論理式 F_1 に対してなんらかの操作を適用して論理式 F_2 を得ることを，「F_1 を F_2 に変換する」という言い方をします。与えられた閉論理式を節集合に変換するには，その論理式を「冠頭標準形」に変換し，次に「冠頭連言標準形」に変換し，さらに「スコーレム標準形」に変換し，そして最後に節集合に変換します。

---

† 論理式が充足不能であることが示されたら，その論理式の否定は恒真です。

4.1.1 冠頭標準形

本項では冠頭標準形を定義し，与えられた論理式を冠頭標準形へ変換する手順を示します。

> **定義 4.1**（冠頭標準形，頭部，母式） E を限定子を含まない任意の論理式，$x_1, x_2, \ldots, x_n$ $(0 \leq n, x_1, x_2, \ldots x_n$ はすべて異なる) を E に出現するすべての変数とし，$\mathcal{Q}_1, \mathcal{Q}_2, \ldots, \mathcal{Q}_n$ を限定子とする。下記のような形をした閉論理式 F_p は**冠頭標準形** (prefix normal form) であるという。
>
> $$F_p = \mathcal{Q}_1 x_1 \mathcal{Q}_2 x_2 \ldots \mathcal{Q}_n x_n E$$
>
> また，$\mathcal{Q}_1 x_1 \mathcal{Q}_2 x_2 \ldots \mathcal{Q}_n x_n$ を F_p の頭部，E を F_p の母式と呼ぶ。

3.3.3 項で示した等価な論理式 1.～24. において E, F を変数 x だけが出現するリテラル（定義 3.8）とすると，等式 11.～24. の右辺はすべて冠頭標準形になります。

任意の閉論理式 F には，それと等価な冠頭標準形である論理式 F_p が存在します。本書では F_p を F の冠頭標準形と呼ぶことにします。以下に示すステップ 1～3 が，与えられた閉論理式をその冠頭標準形に変換する手順です。変換は 3.3.3 項で示した等式を繰り返し利用することで行います。簡単のため 3.3.3 項の等式 1., 2., ……, 25. をそれぞれ変換規則 1., 変換規則 2., ……, 変換規則 25. と呼びます。

> **ステップ 1：⊃ 記号の除去**
>
> 与えられた論理式 F に $E_1 \supset E_2$ の形をした部分論理式が含まれる場合，それらに変換規則 10. を繰り返し適用することにより，⊃ を含まない式に変換する。ステップ 1 により F から変換された式を F_1 とする。

論理式に ⊃ が含まれていてもその式が 定義 4.1 に示した条件を満たしていれば冠頭標準形なのですが，最終的な目的である節集合には ⊃ は含まれないこと，およびここで ⊃ を除去しておくと，この後で変換規則 21.～24. を使わな

くて済むことから，この段階で $\supset$ を除去します．

ステップ2：¬記号の移動と二重否定の除去

ステップ1で得た F_1 に ¬ が含まれている場合，変換規則 8. 9. 11. 12. を繰り返し適用し，¬ をすべて原子論理式の直前に移動する．また，この際に二重否定 (¬¬) が現れた場合は変換規則 5. を使ってそれらをすべて除去する．ステップ2により F_1 から変換された式を F_2 とする．

ステップ3：限定子の移動

ステップ2で得た F_2 に限定子が含まれる場合，変換規則 13.〜20. を繰り返し適用して限定子を移動し，変換規則 25. を適用して $Q_1 x_1 \, Q_2 x_2 \cdots Q_n x_n \, E$ の中に $x_i = x_j \, (i < j)$ となる i と j があるならば $Q_i x_i$ を取り除くことで，F の冠頭標準形 F_p に変換する．

〈例 4.1〉 〈例 3.9〉で使った論理式 F を冠頭標準形に変換してみましょう．

ステップ1：$\supset$ 記号の除去

命題 3.1 の証明と同様，F の二つの部分論理式に下記の名前を付けます．

$$F = \underbrace{\forall x(human(x) \supset mortal(x)) \wedge human(c)}_{E_1} \supset \underbrace{mortal(c)}_{E_2}$$

F は $E_1 \supset E_2$ の形をしているので，この $\supset$ に変換規則 10. を適用すると下記のようになります．

$$F \equiv \neg(\forall x(human(x) \supset mortal(x)) \wedge human(c)) \vee mortal(c)$$

さらに，E_1 の中にある $\supset$ に変換規則 10. を適用します．

$$\equiv \neg(\underbrace{\forall x(\neg human(x) \vee mortal(x))}_{E_{11}} \wedge \underbrace{human(c)}_{E_{12}}) \vee \underbrace{mortal(c)}_{E_2} = F_1$$

上記の式が F と等価でステップ1完了後の F_1 です．次のステップの説明のために，F_1 の部分論理式に上記の名前を付けておきます．

ステップ 2 : ¬記号の移動と二重否定の除去

F_1 は $\neg(E_{11} \wedge E_{12}) \vee E_2$ という形をしています。この¬に対し変換規則 8. を適用します。

$$F_1 \equiv \underline{\neg\forall x(\neg human(x) \vee mortal(x))} \vee \neg human(c) \vee mortal(c)$$
$$E'_{11}$$

上記の E'_{11} の部分に変換規則 11. を適用します。

$$\equiv \exists x\underline{\neg(\neg human(x) \vee mortal(x))} \vee \neg human(c) \vee mortal(c)$$
$$E''_{11}$$

上記の E''_{11} の部分に変換規則 9. を適用し，その際に $human(x)$ の前に現れる二重否定を変換規則 5. によって除去することでステップ 2 が完了し，F と等価な F_2 となります。

$$\equiv \exists x(human(x) \wedge \neg mortal(x)) \vee \neg human(c) \vee mortal(c) = F_2$$

ステップ 3 : 限定子の移動

F_2 の先頭にある $\exists x$ のスコープを，変換規則 16. を 2 回使って論理式全体に拡張することで，F の冠頭標準形 F_p が得られます。

$$F_2 \equiv \exists x(human(x) \wedge \neg mortal(x) \vee \neg human(c) \vee mortal(c)) = F_p$$

以後，必要に応じて 3.3.3 項の変換規則 2., 4. を使うことにより，∨の順序のみが異なる論理式どうしは同値であることを既知として，それらどうしを暗黙のうちにたがいに変換することを認めるものとします。

4.1.2 冠頭連言標準形

本項では，節集合を求めるための次の段階である冠頭連言標準形を定義し，与えられた冠頭標準形をした論理式を冠頭連言標準形へ変換する手順を示します。

> **定義 4.2**（節，空節，連言標準形，冠頭連言標準形） 0 以上の整数 l に対し，各 $L_1, L_2, \ldots, L_l$ をそれぞれリテラル（定義 3.8）とする．論理式 C が下記のように，リテラルを $\lor$ で結合してできた形をしているとき，C を**節** (clause) と呼ぶ．
>
> $$C = L_1 \lor L_2 \lor \ldots \lor L_l$$
>
> なお，$L_1 \lor L_2 \lor \ldots \lor L_l$ を必要に応じてリテラルの集合 $\{L_1, L_2, \ldots, L_l\}$ と同一視する．特に $l = 0$ のとき，空集合 $\emptyset$ を**空節** (empty cluase) と呼び，$\square$†と表記する[1]．
>
> 1 以上の整数 m に対し，各 $C_1, C_2, \ldots, C_m$ をそれぞれ節とする．論理式 F_c が下記のように，節を $\land$ で結合してできた形をしているとき，F_c は**連言標準形** (conjunctive normal form) であるという．
>
> $$F_c = C_1 \land C_2 \land \ldots \land C_m$$
>
> 連言標準形をした論理式 F_c に対し，閉論理式 F_{pc} が下記のような形をした冠頭標準形であるとき，F_{pc} は**冠頭連言標準形** (prefix conjunctive normal form) であるという．
>
> $$F_{pc} = \mathcal{Q}_1 x_1 \mathcal{Q}_2 x_2 \ldots \mathcal{Q}_n x_n F_c$$
>
> ただし，$\mathcal{Q}_1, \cdots, \mathcal{Q}_n$ は限定子，$x_1, \ldots, x_n$ は F_c に現れるすべての変数である．

与えられた論理式 F に対し，ステップ 3 で冠頭標準形 F_p を得ました．この F_p と等価な冠頭連言標準形を得るためのステップ 4 を次に示します．

― ステップ **4**：分配則の適用 ―

論理式 $F_p = \mathcal{Q}_1 x_1 \mathcal{Q}_2 x_2 \ldots \mathcal{Q}_n x_n E$ を F の冠頭標準形とする．F_p の母式 E に対し変換規則 6., 7. の分配則を繰り返し適用することで，E と等

---

† 本書では空節を $\square$ で表記し，5 章で学習する様相演算子 $\square$ と区別します．

価な連言標準形をした E_c を得る。F_p の頭部を E_c の左側につけることで，次のような論理式 F_{pc} が得られる。$F_{pc} = Q_1 x_1 Q_2 x_2 \ldots Q_n x_n E_c$

ステップ 4 で得られる F_{pc} は F と等価であることが証明できます。この F_{pc} を本書では F の冠頭連言標準形と呼ぶことにします。

⟨**例 4.2**⟩ ⟨例 4.1⟩で得た冠頭標準形をした論理式 F_p の母式を E とし，E の部分論理式に下記のように名前を付けます。

$$E = \underbrace{human(x) \wedge \neg mortal(x)}_{E_1 \quad\quad E_2} \vee \underbrace{\neg human(c)}_{E_3} \vee \underbrace{mortal(c)}_{}$$

すると，$\wedge$ と $\vee$ の優先順位（定義 3.10）により，E は $(E_1 \wedge E_2) \vee E_3$ の形をしているので，変換規則 2.(交換律) と変換規則 7.(分配律) により $(E_1 \vee E_3) \wedge (E_2 \vee E_3)$ と等価です。

$$E \equiv (\underbrace{human(x)}_{E_1} \vee \underbrace{\neg human(c) \vee mortal(c)}_{E_3})$$
$$\wedge (\underbrace{\neg mortal(x)}_{E_2} \vee \underbrace{\neg human(c) \vee mortal(c)}_{E_3})$$

E と等価な上記の連言標準形をした論理式の頭部に，F_p の頭部を付けた論理式を F_{pc} とします。

$$F_{pc} = \exists x((human(x) \vee \neg human(c) \vee mortal(c))$$
$$\wedge (\neg mortal(x) \vee \neg human(c) \vee mortal(c)))$$

F_{pc} は，F と等価であり，冠頭連言標準形をした論理式です。

4.1.3 スコーレム標準形

本項では，節集合に至る最後の難関となるスコーレム標準形とその変換方法について示します。ここを乗り切れば，節集合はすぐそこです。

4.1 論理式の標準形

定義 4.3（スコーレム標準形）　連言標準形をした論理式 F_c に対し，論理式 F_{sk} が下記のような形をした冠頭連言標準形であるとき，F_{sk} は**スコーレム標準形** (skolem normal form) であるという。

$$F_{sk} = \forall x_1 \forall x_2 \ldots \forall x_n F_c$$

つまりスコーレム標準形とは，存在限定子∃を含まない冠頭連言標準形です。任意の冠頭連言標準形 F_{pc} はそれに対するスコーレム標準形に変換できるのですが，これまでの変換と異なり等価変換ではありません。これまでの各標準形への変換は等価変換だったので，例えば F から F_p へ変換した後，F_p から F への逆変換も可能でした。しかし，本項で示す F_{pc} から F_{sk} への変換後は，そのような逆変換は不可能です。スコーレム標準形への変換は，充足不能性のみを保存する変換になります。

---**ステップ 5：存在限定子の除去**---

F_{pc} を下記のような冠頭連言標準形をした論理式とする。

$$F_{pc} = \mathcal{Q}_1 x_1 \mathcal{Q}_2 x_2 \ldots \mathcal{Q}_n x_n E$$

F_{pc} の頭部 $\mathcal{Q}_1 x_1 \mathcal{Q}_2 x_2 \ldots \mathcal{Q}_n x_n$ 中に現れるすべての∃記号に対し，その出現箇所に応じて F_{pc} に対し以下のような操作を行う。m を $1 \leq m \leq n$ なる整数，l を $1 \leq l < m$ なる整数とする。

1. $\mathcal{Q}_m$ が∃であり，$\mathcal{Q}_l = \forall$ となる $\mathcal{Q}_l$ が存在しない場合：

F_{pc} の頭部から $\mathcal{Q}_m x_m$ を削除し，F_{pc} の母式 E を $E\{a/x_m\}$ と置き換える。ただし，a は，E に含まれない定数記号とする。このような定数記号を**スコーレム定数** (skolem constant) と呼ぶ。

2. $\mathcal{Q}_m$ が∃であり，$\mathcal{Q}_l = \forall$ となる $\mathcal{Q}_l$ が存在する場合：

$\mathcal{Q}_l = \forall$ となる $\mathcal{Q}_l$ を $\mathcal{Q}_{l1}, \mathcal{Q}_{l2}, \ldots, \mathcal{Q}_{lj}$ とする。F_{pc} の頭部から $\mathcal{Q}_m x_m$ を削除し，F_{pc} の母式 E を $E\{f(x_{l1}, x_{l2}, \ldots, x_{lj})/x_m\}$ と置き換える。ただし，f は E に含まれない関数記号とする。このような関数 f を**スコーレム関数** (skolem function) と呼ぶ。

ステップ5の1. は，F_{pc} の頭部のなかで∃の左に∀がないような∃の除去方法，2. は∃の左に∀があるような∃の除去方法です。$\mathcal{Q}_{l1}, \mathcal{Q}_{l2}, \ldots, \mathcal{Q}_{lj}$ が∃記号の左側にあるすべての∀記号です。2. の場合∃記号により束縛された変数 x_m が $\mathcal{Q}_{l1}x_{l1}, \mathcal{Q}_{l2}x_{l2}, \ldots, \mathcal{Q}_{lj}x_{lj}$ の影響を受けているので，その影響を保存するように変換する必要があります。詳しくは〈例4.5〉以降で説明します。

論理式 F の冠頭連言標準形である F_{pc} に対してステップ5を適用して得られるスコーレム標準形をした論理式 F_{sk} を，本書では F のスコーレム標準形と呼ぶことにします。

〈例4.3〉 〈例4.2〉では F の冠頭連言標準形 F_{pc} を求めました。F_{pc} の頭部にある限定子は∃だけで，その左側には∀記号がないので，ステップ5の1. を適用すると，下記のような F のスコーレム標準形 F_{sk} が得られます。

$$F_{sk} = (human(a) \vee \neg human(c) \vee mortal(c))$$
$$\wedge (\neg mortal(a) \vee \neg human(c) \vee mortal(c))$$

もう少し複雑な例もいくつか見てみましょう。

〈例4.4〉 （ステップ5の1. の適用例） 論理式 F_{pc} を下記のような冠頭連言標準形とします。

$$F_{pc} = \exists x \exists y \forall z \left((p(x,z) \vee q(y,z)) \wedge r(x,y) \right)$$

∃x や ∃y の左に∀記号がないので，F_{pc} に現れない適当な定数記号 a, b を用いてステップ5の1. を F_{pc} に適用すると，下記のようなスコーレム標準形が得られます。

$$F_{sk} = \forall z((p(a,z) \vee q(b,z)) \wedge r(a,b))$$

〈例4.5〉 （ステップ5の2. の適用例 その1） 論理式 F_{pc1} を下記のような冠頭連言標準形とします。

$$F_{pc1} = \forall z \exists x \exists y ((p(x,z) \lor q(y,z)) \land r(x,y))$$

$\exists x$ と $\exists y$ の左に $\forall$ 記号があるので，F_{pc} に現れない適当な関数記号 f, g を用いてステップ 5 の 2. を F_{pc1} に適用すると，x が $f(z)$ に，y が $g(z)$ に置き換えられ，下記のようなスコーレム標準形をした論理式が得られます．

$$F_{sk1} = \forall z ((p(f(z),z) \lor q(g(z),z)) \land r(f(z),g(z)))$$

〈例 4.6〉（ステップ 5 の 2. の適用例 その 2） 論理式 F_{pc2} を下記のような冠頭連言標準形とします．

$$F_{pc2} = \forall w \exists x \forall z \exists y ((p(x,z) \lor q(y,z)) \land (r(w,y) \lor s(w,x)))$$

この場合，x は $\forall w$ の影響を受けているので，arity 1 の適当な関数記号 f を使って x を置き換えます．また，y は $\forall w$ と $\forall z$ の二つの影響を受けているので，arity 2 の適当な関数記号 g を使って y を置き換えます．これらの置き換えと $\exists$ 記号除去により，下記のようなスコーレム標準形をした論理式が得られます．

$$F_{sk2} = \forall w \forall z ((p(f(w),z) \lor q(g(w,z),z)) \land (r(w,g(w,z)) \lor s(w,f(w))))$$

ステップ 5 において，なぜ $\exists$ の左に $\forall$ がない場合（1.）とある場合（2.）の区別が必要なのか説明します．$maruko$ を定数記号とし，次のような論理式があるとします．

$$F_{pc1} = \exists x \, parent(x, maruko)$$

F_{pc1} をそのまま読むと，「ある x が存在し $parent(x, maruko)$ が成り立つ」です．ステップ 5 の 1. では，存在するというその親を適当な定数記号 $hiroshi$ で表し，F_{pc1} を次のような F_{sk1} に変換します．

$$F_{sk1} = parent(hiroshi, maruko)$$

F_{pc1} が充足不能であるとき，またそのときに限り F_{sk1} が充足不能であることが形式的に証明できるのですが，直感的な意味においても両者にそれほど違いはありません。

一方，次のような論理式 F_{pc2} を考えたとき

$$F_{pc2} = \forall y \exists x\, parent(x, y)$$

ステップ 5 の 1. を適用して F_{pc2} を下記の F'_{sk2} に変換すると，とんでもないことになります。

$$F'_{sk2} = \forall y\, parent(hiroshi, y)$$

F_{pc2} の直感的な意味は，どんな y に対してもある x が存在し $parnt(x, y)$ が成り立つ，つまり「どんな人にも親はいる」というごく当たり前の知識を表現しています。しかし，F'_{sk2} は，「$hiroshi$ はすべての人の親である」となり，F_{pc2} とはまったく違う知識を表す論理式になってしまいます。

F_{pc2} の中に出現する x はその左にある $\forall y$ の影響を受けているので，それを表すためにステップ 5 の 2. では，例えば $itsParent$ という関数記号を使って，下記のような F_{sk2} に変換します。

$$F_{sk2} = \forall y\, parent(itsParent(y), y)$$

適当な $itsParent$ 表を持つ割当 $\mathcal{A}$ により，y に対してなんらかの項 $itsParent(y)$ が得られるため，y にどのような項が入ったとしても，その y に応じて $itsParent(y)$ も変化するので，F_{sk2} は F_{pc2} とほぼ同じ直感的な意味の論理式になります。また，F_{pc2} が充足不能であるとき，またそのときに限り F_{sk2} が充足不能であることが形式的に証明できます。

4.1.4 節　集　合

本節の目的であった節集合への変換方法を示します．まず節集合の定義を与えます．

定義 4.4（節集合）　　$C_1, C_2, \ldots, C_m$ をそれぞれ節とし，F_{sk} を下記のようなスコーレム標準形をした論理式とする．

$$F_{sk} = \forall x_1 \forall x_2 \ldots \forall x_n (C_1 \land C_2 \land \ldots \land C_m)$$

このとき，節の集合 $S = \{C_1, C_2, \ldots, C_m\}$ を F_{sk} に対応する**節集合** (set of clauses)，F_{sk} を S に対応するスコーレム標準形と呼ぶ．

論理式 F のスコーレム標準形 F_{sk} に対し，集合 S が F_{sk} に対応する節集合であるとき，本書では S を F に対応する節集合，あるいは単に F の節集合と呼ぶことにします．スコーレム標準形から節集合への変換は簡単で，母式にある $\land$ で結ばれた各節 C_n を要素とする集合を作るだけです．具体例で見てみましょう．

〈例 4.7〉〈例 3.9〉で与えた論理式 F に対し，〈例 4.3〉では F のスコーレム標準形 F_{sk} を得ました．F_{sk} に対応する節集合，すなわち F の節集合 S は下記のようになります．

$$\begin{aligned}S = \{&(human(a) \lor \neg human(c) \lor mortal(c)), \\ &(\neg mortal(a) \lor \neg human(c) \lor mortal(c))\}\end{aligned}$$

節集合は 定義 3.8 で定めた論理式の形をしていないため，このままではその解釈も議論できません．そこでスコーレム標準形を間に挟んで節集合に対する解釈を定義します．

定義 4.5　　F_{sk} をスコーレム標準形をした論理式，S を F_{sk} に対応する節集合，I を解釈とする．I による S の値を次のように定義する．

$$I(S) = I(F_{sk})$$

定義4.5 により，S に対応する F_{sk} が恒真，充足可能，充足不能であるとき，S もそれぞれ恒真，充足可能，充足不能 であるということができます。

機械的な推論を行う導出原理を学習するために，本節では導出原理の対象となる節集合を導入しました。この節集合は，導出原理を基礎とするPrologのプログラムとも深い関係があります。Prologについては7章で解説するので，次の〈例4.8〉はPrologを学習してから読んでください。

〈例4.8〉（**Prolog プログラムと節集合の対応**）　下記のようなPrologのプログラム

```
female(sumire).
parent(sumire, maruko).
mother(X, Y) :- parent(X, Y), female(X).
```

を処理系に読み込ませた後，下記のような問合せをすると，true または Yes という結果が返ってきます。

```
?- mother(sumire, maruko).
```

このプログラムや問合せが述語論理にどのように対応するかについて簡単に説明します。

Prolog プログラムにおいて，確定節のボディー部の原子論理式と原子論理式の間にあるコンマ「,」は論理演算子 $\wedge$ に相当し，:- 記号は論理演算子 $\supset$ (向きは逆) に相当するので，このプログラムの3行目は $parent(x,y) \wedge female(x) \supset mother(x,y)$ という論理式に相当し，さらにこの論理式に3.3.3項の変換規則10.（⊃ 除去）と変換規則8. を適用すると $\neg parent(x,y) \vee \neg female(x) \vee mother(x,y)$ という論理式に相当します。また，?- 記号も ⊃ 演算子 (向きは逆) に相当するので，⊃ 除去を行うと，問合せの行は $\neg mother(sumire, maruko)$ という論理式に相当します。

Prolog プログラムにおいて，すべての変数は全量限定されており，確定節と確定節は $\wedge$ で結合されているとみなされるので，結局このプログラム

と問合せは下記のようなスコーレム標準形をした論理式 F_{sk} に相当します。

$$F_{sk} = \forall x \forall y (female(sumire)$$
$$\land\ parent(sumire, maruko)$$
$$\land\ (\neg parent(x, y) \lor \neg female(x) \lor mother(x, y))$$
$$\land\ \neg mother(sumire, maruko))$$

そして，F_{sk} に対する節集合 S は下記のようになります。

$$S = \{female(sumire), parent(sumire, maruko),$$
$$mother(x, y) \lor \neg parent(x, y) \lor \neg female(x),$$
$$\neg mother(sumire, maruko)\}.$$

このように Prolog プログラムは，ある論理式の節形式に対応しています。

4.2 導出原理による推論

本節では，節集合に対し導出原理を用いてどのように推論が行われるかについて解説します。数理論理学の教科書としては少々掟破りになりますが，専門用語の詳細な定義や説明[†]はとりあえず後回しにして，導出原理がどのようなものなのか，その概要の説明から始めます。

4.2.1 導出原理の概要

導出原理とは，節集合から選び出した二つの節から，単一化と呼ばれる操作を用いて新たな節を導き出すための規則です。この規則を繰り返し適用し，矛盾を示す節（空節）が得られた場合，節集合の基となった論理式が充足不能であることが証明できたことになります。

[†] 導出原理，単一化の定義や解説は 4.2.2 項以降で行います。

4. 導出原理

導出原理の手順の例示　節集合 S を以下のようなものとします（〈例4.8〉の最後に示したものと同じものです）。

$$S = \{female(sumire), \tag{4.1}$$
$$parent(sumire, maruko), \tag{4.2}$$
$$mother(x,y) \lor \neg parent(x,y) \lor \neg female(x), \tag{4.3}$$
$$\neg mother(sumire, maruko)\} \tag{4.4}$$

この S を使って導出原理を適用する手順について直感的に説明します。まず S から二つの節を選び出します。ただし，ある代入をそれらの節に施すことで，同じ述語の肯定と否定がそれぞれの節に含まれるように選び出し，下記の操作を進めます。

例えば，節 (4.3) に代入 $\theta = \{sumire/x, maruko/y\}$ を施し（式 (4.5) の1行目），節 (4.4) に θ を施すと（式 (4.5) の2行目），両式にそれぞれ原子論理式 $mother(sumire, maruko)$ の肯定と否定があることがわかります。

$$\frac{mother(sumire,maruko) \lor \neg parent(sumire,maruko) \lor \neg female(sumire)\quad \neg mother(sumire,maruko)}{\neg parent(sumire,maruko) \lor \neg female(sumire) = C_{r1}} \tag{4.5}$$

式 (4.5) は分数のような形をしているので，分数に例えて説明します。式 (4.5) の分子の部分に S から選び出した二つの式の代入操作後の式，分母の部分に同じ原子論理式の肯定と否定が打ち消し合ってできた新たな節を書きます。この新たな節を節 (4.3) と (4.4) の導出節といいます。ここではこの導出節に C_{r1} という名前を付けておきます。S から節 (4.3) と (4.4) 以外の節を選ぶことで，C_{r1} 以外にも導出節が得られ，C_{r1} も含めこれらの導出節を S に加えてできる集合を $\mathcal{R}(S)$ とします†。また S から $\mathcal{R}(S)$ を得る操作を導出と呼びます。

同様にして $\mathcal{R}(S)$ に対し導出を行います。$\mathcal{R}(S)$ から節 (4.2) と C_{r1} を選び

---

† 導出や $\mathcal{R}(S)$ については 定義4.13 で詳しく解説します。

出し導出節 C_{r2} を得る様子を，式 (4.6) に示します．このときの代入は空代入（定義 3.16）となります．

$$\frac{parent(sumire, maruko) \quad \neg parent(sumire, maruko) \lor \neg female(sumire)}{\neg female(sumire) = C_{r2}} \quad (4.6)$$

$\mathcal{R}(S)$ に C_{r2} などの導出節を加えてできる集合 $\mathcal{R}(\mathcal{R}(S))$ を $\mathcal{R}^2(S)$ と表記します．

最後に，$\mathcal{R}^2(S)$ から節 (4.1) と C_{r2} を選び出して導出節 C_{r3} を得る様子を式 (4.7) に示します．このときの代入も空代入です．

$$\frac{female(sumire) \quad \neg female(sumire)}{\square = C_{r3}} \quad (4.7)$$

式 (4.7) の 3 行目に記述した □ は，$female(sumire)$ と $\neg female(sumire)$ が打ち消し合った後，空節（定義 4.2）が得られたことを示しています．$\mathcal{R}^2(S)$ に C_{r3} などの導出節を加えてできる集合を $\mathcal{R}^3(S)$ とします．すると，$\mathcal{R}^3(S)$ は □ を含む節集合となるので，一連の手続きは終了し，S に対応したスコーレム標準形が充足不能であることが証明されたことになります．この一連の手続きを本書では導出演繹と呼びます．

$\mathcal{R}^3(S)$ に対応したスコーレム標準形は $\mathcal{R}^3(S)$ の各節が $\land$ で結ばれた形をしています．□ はいかなる解釈の下でも $\bot$ になることから，$\mathcal{R}^3(S)$ に対応したスコーレム標準形は充足不能となります．このことから，S に対応したスコーレム標準形も充足不能であることが証明できます．

導出原理と三段論法　　ところで，式 (4.5) や式 (4.6) の分子の部分で同じ述語の肯定と否定が打ち消し合うという言い方をしましたが，正確には（定義 2.20）に示した三段論法が使用されています．例えば，式 (4.6) の分子の 2 行目の論理式を，3.3.3 項の変換規則 10. を使って ⊃ 記号を含む等価な論理式に変換すると，式 (4.6) は式 (4.8) のように三段論法による推論になることがわかります．

$$\frac{parent(sumire, maruko) \quad parent(sumire, maruko) \supset \neg female(sumire)}{\neg female(sumire)} \tag{4.8}$$

このように導出原理とは，各節に適切な代入を施し三段論法を使うことで推論を行う手順です．

4.2.2 単一化と mgu

このように述語論理の論理式に対して三段論法を適用するためには，節集合から選び出した二つの節に対する代入が重要な役割を負っていることがわかります．この代入を単一化代入といいます．単一化とは，なんらかの代入を施すことにより複数の論理式をまったく同じ形にする操作のことです．例えば，4.2.1 項では，節 (4.3) と節 (4.4) に代入 $\theta = \{sumire/x, maruko/y\}$ を施すことにより，式 (4.5) の分子の部分のように節 (4.3) 中の $mother(x, y)$ と節 (4.4) の $mother(sumire, maruko)$ を単一化しました．単一化により相補リテラル[†]が得られたので，式 (4.5) に示したような導出が可能でした．この際に使われた θ が単一化代入です．単一化代入のうち，後に (定義 4.11 で) 述べるある特別な性質を持つものを特に最汎単一化代入 (mgu) といいます．先の θ は mgu でもあります．本項では単一化と単一化代入，mgu について解説します．

定義 4.6 (単一化，単一化代入) 　 2 以上の整数 n に対し，各 $\{L_1, L_2, \ldots, L_n\}$ を項または論理式の集合とする．この集合のすべての要素に対し，$L_1\theta = L_2\theta = \cdots = L_n\theta$ となるような代入 θ が存在するとき，この θ を集合 $\{L_1, L_2, \ldots, L_n\}$ の**単一化代入** (unifier) と呼ぶ．また，このような単一化代入 θ を求め，$L_1, L_2, \ldots, L_n$ をそれぞれ $L_1\theta, L_2\theta, \ldots, L_n\theta$ に置き換える操作を**単一化** (unification) と呼ぶ．

[†] 原子論理式 $p(t_1, \ldots, t_n)$ とその否定 $\neg p(t_1, \ldots, t_n)$ をたがいに**相補リテラル**といいます．$\neg mother(sumire, maruko)$ の相補リテラルが $mother(sumire, maruko)$ です．

複数の原子論理式に対し，単一化代入を求める機械的な操作(アルゴリズム)が存在します。そのために必要となる不一致集合と代入の合成を定義します。

定義 4.7（**不一致集合**）　同じ述語記号を持つ原子論理式の集合 $\{L_1, L_2, \ldots, L_n\}$ を S とする。各 L_i に現れる記号(定数記号，変数，関数記号，述語記号)を左から順にたどり共通しない記号が見つかった場合，それぞれの記号の位置から始まる項の集合を S の**不一致集合**(disagreement set)と呼ぶ。

〈例 4.9〉　原子論理式の集合 S を以下のようなものとします。

$$S = \{mother(x, y), \tag{4.9}$$
$$mother(w, maruko)\} \tag{4.10}$$

式 (4.9) の原子論理式に現れる記号を左からたどると，1. $mother$，2. x，3. y です。同様に式 (4.10) の原子論理式では，1. $mother$，2. w，3. $maruko$ です。したがって，双方の左から 2 番目の記号から始まる項の集合 $\{x, w\}$ が S の不一致集合です。3 番目の記号も一致しないことは明らかなのですが，この段階では不一致集合とはしません。一番最初に見つかる一致しない項の集合のみが不一致集合です。

定義 4.8（**代入の合成** ∘）　$\theta_1, \theta_2, \sigma$ を代入とする。任意の項または論理式 F に対し $(F\theta_2)\sigma = F\theta_1$ となるような θ_1 を θ_2 と σ の**合成**と呼び，合成された代入を $\sigma \circ \theta_2$ と表記する。

〈例 4.10〉　三つの代入 $\theta_1 = \{sumire/x, maruko/y, sumire/w\}$，$\theta_2 = \{w/x, maruko/y\}$，$\sigma = \{sumire/w\}$ を考えます。述語 $mother(x, y)$ に対し θ_1 を施すと以下のようになります。

$$mother(x, y)\theta_1 = mother(sumire, maruko)$$

一方，同じ述語 $mother(x, y)$ に代入 θ_2 と σ をこの順に施すと以下のよ

うになります。

$(mother(x,y)\theta_2)\sigma = mother(w, maruko)\sigma = mother(sumire, maruko)$

したがって，$mother(x,y)\theta_1 = (mother(x,y)\theta_2)\sigma$ となることがわかります。$mother(x,y)$ の部分をどのような項や論理式に置き換えても最後の等式は成り立つため，θ_1 が θ_2 と σ の合成となります。

不一致集合と代入の合成を用いて，原子論理式の集合に対する単一化代入を求める手順を示します。

定義 4.9（単一化アルゴリズム (unification algorithm)）　S を同じ述語記号を持つ 1 個以上の原子論理式からなる集合とする。また，$k = 0$, $S_k = S$, $\theta_k = \epsilon$† とする。以下に示す手順 1. 2. 3. を順に実行し正常終了したときに求まる代入 θ_k が，S の単一化代入である。

1. S_k の要素数が 1 ならば正常終了とし，以降の操作は行わない。
2. S_k の不一致集合を D_k とする。D_k の要素として変数が存在し，かつその変数を含まないような項が D_k の要素として存在する場合，その変数と項をそれぞれ x_k, t_k とする。そうでない場合は S は単一化不可能としてこの手順を終了し，以降の操作は行わない。
3. $\theta_{k+1} = \{t_k/x_k\} \circ \theta_k$, $S_{k+1} = S_k\{t_k/x_k\}$ とし，k を 1 増やして 1. に戻る。

〈例 **4.11**〉　$S = \{mother(x,y), mother(w, maruko)\}$ とし，単一化アルゴリズムにより S の単一化代入を求めてみます。

- まず，$k = 0$, $S_k = S$, $\theta_k = \epsilon$ とします。
- S の要素数は 2 であり 定義 4.9 の手順 1. に示した条件には当てはまらないので，手順 2. を実行します。まず，S_0 の不一致集合 $D_0 = \{x, w\}$ が求まります。また D_0 の要素には，変数 x_0 として x が，x を

---

† ϵ は 定義 3.16 で示した空代入です。

含まない項として $t_0 = w$ が存在することが確認できます。

- 次に，手順 3. を実行すると，$\theta_1 = \epsilon \circ \{w/x\} = \{w/x\}$，$S_1 = S_0\{w/x\} = \{mother(w, y), mother(w, maruko)\}$ とし，$k = 1$ として手順 1. に戻ります。

- S_1 の要素数は 2 なので，再び手順 2. を実行します。$D_1 = \{y, maruko\}$，$x_1 = y$，$t_1 = maruko$ が求まります。

- 手順 3. を実行します。$\theta_2 = \theta_1 \circ \{maruko/y\} = \{w/x, maruko/y\}$，$S_2 = S_1\{maruko/y\} = \{mother(w, maruko), mother(w, maruko)\}$ となります。1.1 節で示したように集合内の重複する要素は一つとみなされるので，$S_2 = \{mother(w, maruko)\}$ となります。そして，$k = 2$ として手順 1. に戻ります。

- 手順 1. を実行します。S_2 の要素数は 1 なので一連の操作は正常終了します。また θ_2 が S の単一化代入です。

原子論理式の集合に対し単一化アルゴリズムにより求まる単一化代入，例えば〈例 4.11〉で示した S に対する θ_2 が，本節の冒頭で紹介した S の mgu になっているのですが，まだ mgu がなにかを正確に定義していません。本項の残りの部分では mgu について説明していきます。

〈例 4.12〉　$S = \{mother(x, y), mother(w, maruko)\}$ とします。〈例 4.11〉で示した θ_2 以外にも S の単一化代入は存在します。例えば $\theta_1 = \{sumire/x, maruko/y, sumire/w\}$ とすると $mother(x, y)\theta_1 = mother(w, maruko)\theta_1 = mother(sumire, maruko)$ になり，θ_1 が S の単一化代入であることがわかります。また，$\theta_3 = \{hiroshi/x, maruko/y, hiroshi/w\}$ も S の単一化代入です。さらに，θ_3 の $hiroshi$ の部分を別の定数記号にすることで，同様の単一化代入は無限に存在します。

〈例 4.12〉では，与えられた原子論理式の集合が単一化可能な場合，単一化代入は複数ありうることを示しました。しかし，それらの単一化代入の中で導出原理に用いられるのは，ある一定の条件を満たす mgu と呼ばれるものだけです。〈例 4.11〉，〈例 4.12〉で示した θ_2 が mgu になります。

定義 4.10（代入間の等価性） θ_1, θ_2 を代入とする。任意の項または論理式 F に対し $F\theta_1 = F\theta_2$ となるとき，$\theta_1 = \theta_2$ とする。

定義 4.11（最汎単一化代入 **mgu**） 2 以上の要素を持つ原子論理式の集合を S とし，θ_1 と θ_2 を S の単一化代入とする。ある代入 σ が存在して $\theta_1 = \sigma \circ \theta_2$ となるとき，θ_2 は θ_1 に対し，より一般的であるという。

S の単一化代入 θ_g が，S の任意の単一化代入 θ に対し，より一般的であるとき，θ_g を S の**最汎単一化代入** (most general unifier) または **mgu** と呼ぶ。

直感的にいうと，原子論理式の集合 $\{L_1, L_2, \ldots, L_n\}$ に対する複数の単一化代入の中で，単一化後の $\{L_1\theta_g, L_2\theta_g, \ldots, L_n\theta_g\}$ に変数が最も多く残るような代入 θ_g が $\{L_1, L_2, \ldots, L_n\}$ の mgu になります。具体例で見てみましょう。

〈例 **4.13**〉 〈例 4.12〉では，原子論理式の集合 $\{mother(x, y), mother(w, maruko)\}$ に対する単一化代入として，$\theta_1 = \{sumire/x, maruko/y, sumire/w\}$，$\theta_2 = \{w/x, maruko/y\}$，$\theta_3 = \{hiroshi/x, maruko/y, hiroshi/w\}$ などがあることを示しました。代入 $\sigma_1 = \{sumire/w\}$ を考えると $\theta_1 = \sigma_1 \circ \theta_2$ となるため，θ_2 のほうがより一般的な単一化代入となります。同様に，代入 $\sigma_2 = \{hiroshi/w\}$ を考えると $\theta_3 = \sigma_2 \circ \theta_2$ となるため，θ_2 のほうがより一般的な単一化代入となります。

また，代入後の式を見ると，$mother(x, y)\theta_1 = mother(sumire, maruko)$，$mother(x, y)\theta_2 = mother(w, maruko)$ となることから，θ_2 を適用した方が，より多くの変数が残った式が得られることがわかります。さらに，$mother(x, y)$ と $mother(w, maruko)$ に対する任意の単一化代入に対し θ_2 のほうがより一般的な代入であることが証明できるので，θ_2 はこれらの式に対する mgu となります。

原子論理式の集合が単一化可能であれば，これまでの例で見てきたようにその集合の mgu は必ず求めることができます。この性質は**単一化定理** (unification theorem) として定式化されています。

定理 4.1 （単一化定理）　S を原子論理式の空でない有限集合とする。このとき S が単一化可能であれば，定義 4.9 に示した操作は手順 1. で停止する。また，そのときに得られる代入 θ_k は S の mgu である。

定理 4.1 の証明は多くの文献[1),3),6),13)] で詳細に示されているので，本書ではなぜこのような mgu を使う必要があるのかについて，〈例 4.18〉で詳しく説明します。

4.2.3　導出原理を用いた推論手順

本項では，これまでに定義してきたさまざまな用語を用いて，本章の主題である導出原理を説明します。ところで，定義 4.6 において単一化は項または論理式の集合に対する操作でしたが，本書では以降簡単のため，集合 $\{L_1, L_2, \ldots, L_n\}$ を単一化することを単に $L_1, L_2, \ldots, L_n$ を単一化するなどと表記します。

定義 4.12 （導出原理）　導出原理 (resolution principle) とは，次の条件 1. 条件 2. の双方を満たす二つの節に対し下記に示す操作を行い，新たな節を構成する規則である。

条件 1.　　ある節集合に属する二つの節を C_1, C_2 とする。C_1, C_2 にたがいに共通する変数が存在する場合は，C_1, C_2 のどちらかに α 変換を行い，改めてそれらを C_1, C_2 とし，それらにはたがいに共通する変数は存在しないものとする。

条件 2.　　1 以上の任意の整数 l, n に対し，条件 1. を満たす節 C_1, C_2 を以下のようなものとする。

$$C_1 = L_1^1 \vee L_1^2 \vee \cdots \vee L_1^k \vee L_1^{k+1} \vee \cdots \vee L_1^l$$

$$C_2 = L_2^1 \vee L_2^2 \vee \cdots \vee L_2^m \vee L_2^{m+1} \vee \cdots \vee L_2^n$$

ただし，$1 \leq k \leq l$, $1 \leq m \leq n$ とする。

C_1 と C_2 にはそれぞれリテラル $L_1^1, L_1^2, \ldots, L_1^k$ と $L_2^1, L_2^2, \ldots, L_2^m$ が存在し，ある mgu θ の下で，$\neg L_1^1 \theta = \neg L_1^2 \theta = \cdots = \neg L_1^k \theta = L_2^1 \theta = L_2^2 \theta = \cdots L_2^m \theta$ のように単一化可能であるとする。

操 作　条件 1., 条件 2. の双方を満たす節 C_1 と C_2 に対し，下記の節 C_r を，C_1 と C_2 の **導出節** (resolvent) と呼ぶ。

$$C_r = L_1^{k+1}\theta \vee L_1^{k+2}\theta \vee \cdots \vee L_1^l\theta \vee L_2^{m+1}\theta \vee L_2^{m+2}\theta \vee \cdots \vee L_2^n\theta$$

また，C_1 と C_2 を C_r の **親節** (parent clauses) と呼ぶ。

本書では，導出原理を適用する様子を下記のような式で表す。

$$\frac{\begin{array}{c} L_1^1\theta \vee L_1^2\theta \vee \cdots \vee L_1^k\theta \vee L_1^{k+1}\theta \vee \cdots \vee L_1^l\theta \\ L_2^1\theta \vee L_2^2\theta \vee \cdots \vee L_2^m\theta \vee L_2^{m+1}\theta \vee \cdots \vee L_2^n\theta \end{array}}{L_1^{k+1}\theta \vee L_1^{k+2}\theta \vee \cdots \vee L_1^l\theta \vee L_2^{m+1}\theta \vee L_2^{m+2}\theta \vee \cdots \vee L_2^n\theta}$$

導出節 C_r とは，節 $C_1\theta$ と節 $C_2\theta$ に現れるすべてのリテラルから，単一化される $L_1^1\theta, L_1^2\theta, \ldots, L_1^k\theta$ と $L_2^{m+1}\theta, L_2^{m+2}\theta, \ldots, L_2^n\theta$ を取り除き，残ったリテラルを $\vee$ でつないでできる節です。式 (4.7) のように残ったリテラルが存在しない場合，C_r は空節 □ となります。式 (4.5) や式 (4.6) では親節から一つずつリテラルを削除して導出節を得ましたが，親節に含まれる単一化可能なリテラルは一つとは限りません。具体例を〈例 4.15〉に示します。

なお，単一化が可能なリテラルが必ずしも親節の先頭にあるとは限りませんが，定義 4.12 の C_1, C_2 において，導出節の定義を簡単にするため 3.3.3 項の変換規則 2. (交換律) と変換規則 4. (結合律) を使ってそれらのリテラルが必ず先頭にあるように変換しておくものとしています。

4.2 導出原理による推論

⟨例 **4.14**⟩ 定義 4.12 の条件 1. がなぜ必要なのか具体例で説明します。$L_1 = mortal(x)$ と $L_2 = mortal(itsParent(y))$ は，$\theta = \{itsParent(y)/x\}$ を使って $L_1\theta = L_2\theta = mortal(itsParent(y))$ へと単一化可能です。しかしたがいに共通する変数が存在する L_1 と $L_3 = mortal(itsParent(x))$ では単一化ができません。$\sigma = \{itsParent(x)/x\}$ としたところで，$L_1\sigma = mortal(itsParent(x))$，$L_3\sigma = mortal(itsParent(itsParent(x)))$ となり同じリテラルにならないからです。また，ほかのどのような代入を使っても単一化は不可能です。そこでこのような場合，L_3 に α 変換を施して L_2 のように L_1 と共有する変数がない形にしてから単一化を行います。節集合の中に現れるすべての変数は全量限定されており，3.3.3 項の変換規則 17. によりすべての節は個別にそれと等価な節へと α 変換可能です。

⟨例 **4.15**⟩ 節集合 S に以下のような節 C_1, C_2 が含まれているとします。

$C_1 = mother(x, y) \vee mother(x, maruko) \vee \neg parent(z, y) \vee \neg female(x)$
$C_2 = \neg mother(w, maruko)$

このとき，定義 4.12 の L_1^1 に相当するのが C_1 の $mother(x, y)$，L_1^2 に相当するのが C_1 の $mother(x, maruko)$，L_2^1 に相当するのが C_2 の $\neg mother(w, maruko)$ です。$\theta_2 = \{w/x, maruko/y\}$ が **mgu** となりこれらの相補リテラルが単一化可能ですので，定義 4.12 の条件が満たされこれらのリテラルを含む節 C_1 と C_2 が導出原理の操作を適用する対象となり，式 (4.11) のようになります。

$mother(x, y)\theta_2 \vee mother(x, maruko)\theta_2 \vee \neg parent(z, y)\theta_2 \vee \neg female(x)\theta_2$
$\neg mother(w, maruko)\theta_2$

$$\overline{\qquad\qquad\qquad\qquad\qquad\qquad\qquad\qquad\qquad\qquad}$$
$$\neg parent(z, maruko) \vee \neg female(w)$$

(4.11)

式 (4.11) の 1 行目にある $mother(x, y)\theta_2$ と $mother(x, maruko)\theta_2$ が同

じリテラルになるため，2行目の $\neg mother(w, maruko)\theta_2$ とともにこれらのリテラルが除かれ，残りのリテラルで3行目にある導出節が作られます。

節集合 S の任意の節のペアに対して導出原理を適用することで各ペアから導出節が得られる可能性があるので，一般には S から複数の導出節が得られます。これらの導出節の集合と S の和集合を求め，この和集合に対しさらに導出原理を適用するといった操作を繰り返し最終的に空節が得られたとき，S の充足不能性が証明されたことになります。空節が得られるまでの一連の操作を反駁(refutation)といいます。ここでいう一連の操作を形式的に定義しておきます。

定義 4.13 (導出 $\mathcal{R}()$)　任意の節集合 S に対し，節集合 $\mathcal{R}(S)$ を以下のように定義する。$\mathcal{R}(S) = S \cup \{C_r \mid C_1 \in S, C_2 \in S, C_r は C_1 と C_2 の導出節 \}$。このように S から導出原理を適用して $\mathcal{R}(S)$ を求める操作を**導出** (resolution) と呼ぶ。

$\mathcal{R}(S)$ とは，S と，S に対して導出原理を適用して得られるすべての導出節の集合との和集合です。S の充足不能性を証明するために，こうしてできた $\mathcal{R}(S)$ に対しさらに導出原理を適用するといった操作を繰り返します。

定義 4.14 (第 n 導出 $\mathcal{R}^n(S)$)　任意の節集合 S から導出を n 回 $(0 \leq n)$ 繰り返すことで得られる節集合 $\mathcal{R}^n(S)$ を，以下のように定義する。$\mathcal{R}^0(S) = S$，$\mathcal{R}^{n+1}(S) = \mathcal{R}(\mathcal{R}^n(S))$。$\mathcal{R}^n(S)$ を S の**第 n 導出** (n–th resolution) と呼ぶ。

S から始まり第 n 導出を求める一連の手続きを本書では**導出演繹**と呼びます。導出演繹は $\mathcal{R}^n(S)$ に新たな導出節が含まれないとき，つまり $\mathcal{R}^{n-1}(S) = \mathcal{R}^n(S)$ となるとき，または $\mathcal{R}^n(S)$ に空節が含まれるときに終了します。

〈例 4.16〉　S を p. 90 に示した節集合とします。S からは式 (4.5) に示した以外にも導出節が得られます。節 (4.1)，(4.3) から得られる導出節 $C_{r1\text{-}2}$ を式 (4.12) に，節 (4.2)，(4.3) から得られる導出節 $C_{r1\text{-}3}$ を式 (4.13) に示し

ます．前者の導出は $female(sumire)$ と $female(x)$ を $\mathbf{mgu}\{sumire/x\}$ により単一化し，後者の導出は $parent(sumire, maruko)$ と $parent(x, y)$ を $\mathbf{mgu}\{sumire/x, maruko/y\}$ により単一化することで行っています．

$$\frac{female(sumire) \qquad mother(sumire, y) \vee \neg parent(sumire, y) \vee \neg female(sumire)}{mother(sumire, y) \vee \neg parent(sumire, y) = C_{r1\text{-}2}} \tag{4.12}$$

$$\frac{parent(sumire, maruko) \qquad mother(sumire, maruko) \vee \neg parent(sumire, maruko) \vee \neg female(sumire)}{mother(sumire, maruko) \vee \neg female(sumire) = C_{r1\text{-}3}} \tag{4.13}$$

式 (4.5) に示した導出節 C_{r1} と上記の導出節 $C_{r1\text{-}2}$, $C_{r1\text{-}3}$ を S に加えた集合，つまり $S \cup \{C_{r1}, C_{r1\text{-}2}, C_{r1\text{-}3}\}$ が $\mathcal{R}(S)$ となります．この $\mathcal{R}(S)$ に対して導出原理を適用し，式 (4.6) に示した導出節 C_{r2} やその他の導出節を $\mathcal{R}(S)$ に加えた集合が $\mathcal{R}^2(S)$，$\mathcal{R}^2(S)$ に導出原理を適用し $\mathcal{R}^2(S)$ に式 (4.7) に示した導出節 C_{r3} やその他の導出節を $\mathcal{R}^2(S)$ に加えた集合が S の第 3 導出 $\mathcal{R}^3(S)$ です．$\mathcal{R}^3(S)$ には空節が含まれるため，一連の手続きはここで終了します．

定義 4.15 （反駁） S を任意の節集合とする．1 以上の整数 m に対し，以下の二つの条件を満たす節の列 $C_1, C_2, \ldots, C_m$ を S の**反駁**という．

1. $1 \leq j \leq m$ の各 j について，C_j は S の要素であるか，$1 \leq h < i < j$ なる整数 h, i に対して，C_j は C_h と C_i の導出節である．
2. $C_m = \square$ である．

節集合 S に対し導出演繹を行い空節を含む第 n 導出 $\mathcal{R}^n(S)$ が得られたとき

導出演繹は終了します。この空節 □ が得られるまでに導出演繹で使われた節の列が反駁です[†]。

⟨例 **4.17**⟩ 4.2.1 項において，節集合 S に対する導出演繹によって空節を得ました。この場合，途中で使われた下記のような節の列が S の反駁です。

$mother(x, y) \lor \neg parent(x, y) \lor \neg female(x)$, $\neg mother(sumire, maruko)$,
$\neg parent(sumire, maruko) \lor \neg female(sumire)$, $parent(sumire, maruko)$,
$\neg female(sumire)$, $female(sumire)$, □。

⟨例 **4.18**⟩ 導出原理において単一化を行う際，単一化代入が mgu でなければならない理由を具体例で説明します。下記のような節集合 S が与えられているとします。

$$S = \{female(sumire), \tag{4.14}$$
$$parent(sumire, maruko), \tag{4.15}$$
$$mother(x, y) \lor \neg parent(x, y) \lor \neg female(x), \tag{4.16}$$
$$\neg mother(w, maruko)\} \tag{4.17}$$

二つの節 (4.16), (4.17) に対し導出原理を適用します。このとき，mgu ではない単一化代入 $\theta_1 = \{sumire/x, maruko/y, sumire/w\}$ を用いてもこれらの節を親節とする導出が可能であり，式 (4.18) の 3 行目に示すように式 (4.5) とまったく同じ導出節が得られ，この導出演繹では最終的に空節 □ を含む S の第 3 導出が得られます。

$$\frac{mother(sumire, maruko) \lor \neg parent(sumire, maruko) \lor \neg female(sumire) \quad \neg mother(sumire, maruko)}{\neg parent(sumire, maruko) \lor \neg female(sumire)} \tag{4.18}$$

[†] それ以外の S の節が含まれていても構いません。

ところで，mgu でない θ_1 以外の代入 $\theta_3 = \{maruko/x, maruko/w, maruko/y\}$ を用いても節 (4.16) と節 (4.17) を親節とする導出は可能です．

$$\frac{mother(maruko, maruko) \vee \neg parent(maruko, maruko) \vee \neg female(maruko) \quad \neg mother(maruko, maruko)}{\neg parent(maruko, maruko) \vee \neg female(maruko) = C_{r1}}$$

(4.19)

この導出演繹では，式 (4.19) に示す導出節 C_{r1} を含む $\mathcal{R}(S)$ が得られます．しかし，単一化代入として θ_1 を使った場合と異なり，この場合は C_{r1} と節 (4.15)，(4.14) から導出原理で空節を得ることはできません．もし節 (4.20) のような節が S の要素であれば $\mathcal{R}(S)$ に対し導出を行うと，C_{r1} と節 (4.20) に対する導出節が得られはしますが，結果は同じです．

$$female(maruko) \tag{4.20}$$

原因は式 (4.19) の段階で x や w に具体的な値を入れてしまったことにあります．式 (4.18) のようにその後の演繹で偶然うまく反駁が得られるような代入を選ぶこともあり得ますが，一般にはどのような代入を選べば空節に至る演繹を行えるかは予測不能です．したがって，各第 i 導出を求める際，式 (4.21) に示すように mgu(この場合は $\{w/x, maruko/y\}$) を用いて，変数に具体的な値を入れるタイミングはできるだけ後にします．

$$\frac{mother(w, maruko) \vee \neg parent(w, maruko) \vee \neg female(w) \quad \neg mother(w, maruko)}{\neg parent(w, maruko) \vee \neg female(w) = C_{r3}}$$

(4.21)

次に，mgu として $\{sumire/w\}$ を用い，$\mathcal{R}(S)$ 中の節 (4.15) と C_{r3} に導出原理を適用する様子を式 (4.22) に示します．

$$\frac{parent(sumire, maruko) \quad \neg parent(sumire, maruko) \lor \neg female(sumire)}{\neg female(sumire) = C_{r4}} \tag{4.22}$$

最後に，C_{r4} と節 (4.14) に対して導出原理を適用することで，無事に空節が得られます．

$$\frac{female(sumire) \quad \neg female(sumire)}{\Box} \tag{4.23}$$

4.3 導出原理の健全性と完全性

述語論理の推論規則である導出原理は，(定義 3.19) で示した述語論理の論理的帰結という関係に対し，健全であること (導出原理の健全性)，かつ完全であること (導出原理の健全性) が証明されています．**導出原理の健全性**とは，節集合 S に対し導出原理を適用し空節が得られた場合，S が充足不能であることを意味します．逆に，S が充足不能ならば必ず導出原理により空節が得られることが**導出原理の完全性**です．

導出原理の健全性と完全性が証明されていることから，導出原理を推論の道具として安心して使うことができます．本節では導出原理の健全性と完全性について学習します．

4.3.1 エルブラン解釈

S が充足不能であることを示すには，すべての解釈 I に対して $I(S) = \bot$ を示さなければなりません．しかし，解釈は一般に無限に存在し，そのような無限に存在する解釈を考慮して完全性を証明することは不可能です．ところが幸

4.3 導出原理の健全性と完全性

いにも，エルブラン領域と呼ばれる特定の領域に基づく有限の解釈(エルブラン解釈)を考えるだけで完全性を証明することができます。

定義 4.16（エルブラン領域）　S を節集合とし，集合 $Constants(S)$ を $Constants(S) = \{a \mid a \text{ は } S \text{ に現れる定数}\}$ のように定める。S に対する**エルブラン領域** (Herbrand universe) HU_S を以下のように定義する。

$$HU_0 = \begin{cases} Constants(S) & (Constants(S) \neq \emptyset \text{ の場合}) \\ \{a\} & (Constants(S) = \emptyset \text{ の場合}, \\ & \text{ただし，} a \text{ は適当な定数記号}) \end{cases}$$

$HU_{i+1} = HU_i \cup \{f(t_1, \ldots, t_n) \mid f \text{ は } S \text{ に現れる arity } n \text{ の関数記号}, t_1, \ldots, t_n \in HU_i\}$　（ただし $i \geq 1$）

$HU_S = \bigcup_{i \in \omega} HU_i$　（ただし，ω は 0 以上の自然数の集合）

定義 4.17（エルブラン基底）　S を節集合とする。S に対する**エルブラン基底** (Herbrand base) HB_S を以下のように定義する。

$$HB_S = \{p(t_1, \ldots, t_m) \mid p \text{ は } S \text{ に現れる arity } m \text{ の述語記号}, t_1, \ldots, t_m \in HU_S\}$$

定義 4.18（割当て $\mathcal{A}_S$）　S を節集合，HB_S を S に対するエルブラン基底，HU_S を S に対するエルブラン領域とする。また，$\mathcal{A}_S$ を HB_S の部分集合とする。このとき，$\mathcal{A}_S$ を下記のように HU_S 上の割当て（定義 3.15）と同一視する。

- HU_S の要素である基礎項 t(定数記号を含む) に対して $\mathcal{A}_S(t) = t$
- HB_S の要素である基礎式 L に対して

$$\mathcal{A}_S(L) = \begin{cases} \top & (L \in \mathcal{A}_S \text{ の場合}) \\ \bot & (\text{その他の場合}) \end{cases}$$

106   4. 導 出 原 理

⟨例 4.19⟩　S を 4.2.1 項に示した節集合とします。

S のエルブラン領域 HU_S：　S に現れる定数記号は $sumire$ と $maruko$ だけなので，$HU_0 = \{sumire, maruko\}$ となります。S には arity 1 以上の関数記号が存在しないため，$HU_S = HU_0$ となります。

S のエルブラン基底 BS_S：　S に現れる述語記号は $female, parent, mother$ です。S のエルブラン基底 HB_S とは，これらの述語記号に引数として HU_S の要素のすべての組合せを与えてできる基礎式の集合であり，以下のようになります。

$HB_S =$

$\{parent(sumire, sumire), parent(sumire, maruko),$

$parent(maruko, sumire), parent(maruko, maruko),$

$female(sumire), female(maruko),$

$mother(sumire, sumire), mother(sumire, maruko),$

$mother(maruko, sumire), mother(maruko, maruko)\}$

S に対する割当て $\mathcal{A}_S$：　HB_S の任意の部分集合が，S に現れる述語記号に対する割当て $\mathcal{A}_S$ です。例えば，$\mathcal{A}_S = \emptyset$ の場合，あらゆる基礎式の $\mathcal{A}_S$ による値は $\bot$ になります。

$\mathcal{A}_S = \{parent(sumire, maruko), female(sumire), mother(sumire, maruko)\}$ とすると，$parent(sumire, maruko), female(sumire), mother(sumire, maruko)$ の $\mathcal{A}_S$ による値は $\top$ になります。そして，これら以外の引数の組合せに対して $parent, female, mother$ を述語記号とする基礎式の $\mathcal{A}_S$ による値は $\bot$ となります。

⟨例 4.20⟩　エルブラン領域は，節集合の中の節に一つでも関数を含むものがあれば無限集合になります。$succ$ を successor 関数記号とします。successor

関数とは，整数 0 に対し $succ(0) = 1$ を，1 に対し $succ(1) = 2$ を返すような関数であり，$succ$ を使うと足し算を表現した節集合が以下のように記述できます．

$$S = \{sum(0, x, x),$$
$$\neg sum(x, y, z) \lor sum(succ(x), y, succ(z))\}$$

簡単のため 1 以上の整数 i に対し，$succ^0 = 0, succ^1 = succ(0), succ^i = succ(succ^{i-1})$ と略記します．

この S に対し，$HU_0 = \{0\}$，$HU_1 = \{0, succ^0\}$，$HU_2 = \{0, succ^0, succ^1\}, \ldots$ と計算を続けることで，$HU_S = \{succ^i \mid i \in \omega\}$ (ω は 0 以上の自然数) という無限集合になります．

また，S に対するエルブラン基底は $HB_S = \{sum(t_1, t_2, t_3) \mid t_1 \in HU_S, t_2 \in HU_S, t_3 \in HU_S\}$ という無限集合になります．

定義 4.19 （エルブラン解釈とエルブランモデル） S を節集合，HU_S を S に対するエルブラン領域，$\mathcal{A}_S$ を HU_S 上の割当てとする．

$\mathcal{A}_S$ に基づく解釈を 定義 3.17 と同様 $HI_{(HU_S, \mathcal{A}_S)}$ と表記し，これを**エルブラン解釈**と呼ぶ．また，混乱がない限りこれを HI と略記する．

F_{sk} を S に対応するスコーレム標準形とする．定義 4.5 で定めたように，$HI(S) = HI(F_{sk})$ である．$HI(S) = \top$ となるエルブラン解釈 HI を S の**エルブランモデル**と呼ぶ．

エルブラン解釈は 定義 3.17 で与えた解釈と基本的には同じ関数です．領域や割当てに特殊な条件がついているだけであり，値の求め方はほとんど同じです．ただし，対象が論理式の形をしていない節集合なので，定義 4.5 で定めたように $HI(S)$ の値は，S に対応するスコーレム標準形 F_{sk} に対して $HI(F_{sk})$ を計算することで求まります．具体例で見てみましょう．

〈例 4.21〉 $S = \{bird(hawk), bird(eagle), fly(x) \lor \neg bird(x)\}$ とします．

このとき $HU_S = \{hawk, eagle\}$, $HB_S = \{bird(hawk), bird(eagle), fly(hawk),$ $fly(eagle)\}$ です。$\mathcal{A}_S = HB_S$ とすると，エルブラン解釈 $HI_{(HU_S, \mathcal{A}_S)}$ (以下これを HI と略記する) は S のエルブランモデルとなることを示します。

S に対応するスコーレム標準形 F_{sk} は以下のようになります。

$$F_{sk} = \forall x(bird(hawk) \land bird(eagle) \land (fly(x) \lor \neg bird(x))).$$

したがって，定義 3.17 の規則 6. を使うことにより $HI(F_{sk})$ が求まります。$F_{sk} = \forall x F'_{sk}$ となるように，F'_{sk} を以下のようにおきます。

$$F'_{sk} = bird(hawk) \land bird(eagle) \land (fly(x) \lor \neg bird(x)).$$

定義 3.17 の規則 6. によると，$HI(F'_{sk}\{hawk/x\})$ と $HI(F'_{sk}\{eagle/x\})$ のどちらもが ⊤ になるとき $HI(F'_{sk}) = ⊤$ となります。これらを順に確かめていきましょう。

$F'_{sk}\{hawk/x\} = bird(hawk) \land bird(eagle) \land (fly(hawk) \lor \neg bird(hawk))$ です。したがって，$HI(F'_{sk}\{hawk/x\})$ は 定義 3.17 の規則 3. を再帰的に使うことにより，$HI(\{bird(hawk)\})$, $HI(\{bird(eagle)\})$, $HI(\{fly(hawk) \lor \neg bird(hawk)\})$ のすべてが ⊤ になるとき ⊤ となります。この中で $HI(\{fly(hawk) \lor \neg bird(hawk)\})$ は 定義 3.17 の規則 4. を使うことにより，$HI(\{fly(hawk)\})$ と $HI(\{\neg bird(hawk)\})$ のどちらかが ⊤ であれば ⊤ です。

ここからがエルブラン解釈による計算のツボなのですが，基礎式に対する真偽の求め方は，定義 4.18 によりその基礎式が割当て $\mathcal{A}_S$ の要素になっているかどうかで簡単に求まります。$bird(hawk) \in \mathcal{A}_S$, $bird(eagle) \in \mathcal{A}_S$, $fly(hawk) \in \mathcal{A}_S$ なので，これらの HI による値はすべて ⊤ となり，$HI(F'_{sk}\{hawk/x\}) = ⊤$ となります。

$F'_{sk}\{eagle/x\} = bird(hawk) \land bird(eagle) \land (fly(eagle) \lor \neg bird(eagle))$ に対する HI の値も同様に ⊤ となります。

以上より，$HI(S) = \top$ となります。

節集合 $S = \{C_1, \ldots, C_n\}$ と置くと，〈例 4.21〉を見てわかるように，エルブラン解釈 $HI_{(HU_S, \mathcal{A}_S)}$（以下 HI と略記）が S のエルブランモデルかどうかを調べる方法は非常に簡単で，結局，次のような手順をふめばよいことになります。

- S に現れるすべての変数を HU_S の要素で置き換える代入を θ とすると，そのようなすべての θ に対して $HI(\{C_1\theta\}) = \cdots = HI(\{C_n\theta\}) = \top$ となるか調べる。
- $C = L_1 \vee \cdots \vee L_m$ とすると，$HI(\{L_1\theta\}), \ldots, HI(\{L_m\theta\})$ のどれかが $\top$ になるかどうか調べる。
- 各 $HI(\{L_i\theta\})$ を求めるため，$L_i\theta$ が $\mathcal{A}_S$ の要素かどうか調べる。

定義 4.20（**基礎節集合 GC_S**）　**基礎節** (ground clause) とは変数を含まない節のことである。節集合 S に対し，基礎節のみからなる**基礎節集合** GC_S を以下のように定義する。

$GC_S = \{C\theta \,|\, C \in S, \theta \text{ は代入}, \theta \subset \{t/x \,|\, t \in HU_S, x \text{ は } C \text{ に現れる変数}\}, C\theta \text{ は基礎節}\}$

〈**例 4.22**〉　節集合 S に対する基礎節集合 GC_S とは，S の各節に対し，変数に HU_S の要素を代入して得られるすべての基礎節からなる集合です。〈例 4.21〉で示した節集合 S に対する基礎節集合は以下のようになります。

$$\begin{aligned}
GC_S = \{&\mathit{bird}(\mathit{hawk}), \mathit{bird}(\mathit{eagle}), \\
&\mathit{fly}(\mathit{hawk}) \vee \neg \mathit{bird}(\mathit{hawk}), \\
&\mathit{fly}(\mathit{eagle}) \vee \neg \mathit{bird}(\mathit{eagle})\}
\end{aligned}$$

4.3.2　エルブランの定理

エルブラン解釈に関する諸定義を与えて，導出原理の完全性を説明するための準備を整えました。本項では，導出原理が論理式の充足不能性を確認するた

めに安心して使えることを保証する諸定理を示します。これらの定理の完全な証明はほかの文献[1),8),13)]に任せ，ここでは各定理の直感的な理解に重点を置いて説明します。

> **定理 4.2** S を節集合とするとき，以下が成り立つ。
>
> S が充足不能である **iff** S のエルブランモデルが存在しない

S のエルブラン解釈が領域と割当てを持つ解釈であることから，**iff** の if part($\Rightarrow$ 方向) が成り立ちます。逆方向の証明 (**iff** の only if part($\Leftarrow$ 方向)) は，S のエルブランモデルが存在しないのに S を充足するモデル $I = (D, \rho)$ が存在することを仮定して矛盾を導きます。

この定理により，節集合 S の充足不能性を確かめるには，エルブラン解釈のみを考えればよいことになります。

> **定理 4.3** （エルブランの定理）　S を節集合とする。このとき以下が成り立つ。
>
> S が充足不能である **iff** GC_S のある有限部分集合が充足不能である

定理 4.3 の証明は文献[1),8),13)]で詳細に書かれているので，ここではその概略のみ紹介します。

(**iff** の if part($\Rightarrow$ 方向) の証明の方針) S が充足不能であるときに，GC_S のあらゆる有限部分集合が充足可能であると仮定し，GC_S 自身も充足可能になること[†]から矛盾を導くことができます。

(**iff** の only if part($\Leftarrow$ 方向) の証明の方針) 任意のエルブラン解釈 HI に対して，$HI(S) = HI(GC_S)$ となることが示されます[13)]。GC_S の部分集合で充足不能な有限部分集合が存在するので，GC_S も充足不能となります。したがって，任意の HI に対して $HI(GC_S) = \bot$ となり，よって $HI(S) = \bot$ となりま

---

† この条件はコンパクト定理として知られています。

す。以上から 定理 4.2 により S は充足不能となります。

エルブランの定理により，S が充足不能であることを示すためには，ある基礎節の集合（GC_S の部分集合）で充足不能なものがあることを示せばよいことになります。節集合 S の中から二つの親節を選び mgu を計算して導出節を導くことを繰り返す導出原理は，この充足不能な GC_S の部分集合を作り出す計算になっているのです。

定理 4.4 （導出原理の健全性と完全性） S を節集合とする。このとき以下が成り立つ。

S が充足不能である **iff** 導出原理により S から空節が導かれる。

エルブランの定理により，S が充足不能であるとき，充足不能な GC_S の有限部分集合 GC'_S が存在することになります。そして，GC'_S から導出原理により空節が導かれることを示すことができます。

逆に導出原理により空節が導かれたときの解代入を θ とすると，反駁（定義 4.15）の要素でかつ S の要素であるような節 C_j に対して $C_j\theta$ をすべて集めたものが充足不能な GC_S の部分集合であることが示されます。

演 習 問 題

【1】 論理式 $\exists x \forall y(\neg q(x) \land p(y)) \supset \forall w \exists z(r(z,w))$ をスコーレム標準形に変換せよ。ただし，スコーレム関数は，x に影響を受けるものは $f(x)$，x と w に影響を受けるものは $g(x,w)$ とすること。以下の順番で変換を行っていけば簡単に求めることができる。

$$\exists x \forall y(\neg q(x) \land p(y)) \supset \forall w \exists z(r(z,w))$$
$$\downarrow \text{ステップ 1. } \supset \text{記号の除去}$$
$$\neg(\exists x \forall y(\neg q(x) \land p(y))) \quad \rule{2cm}{0.4pt} \quad \rule{3cm}{0.4pt}$$
$$\downarrow \text{ステップ 2. } \neg \text{記号の移動と二重否定の除去}$$

↓ ステップ 3. 限定子の移動

$\forall x \exists y \forall w \exists z ($)

↓ ステップ 5. 存在限定子の除去

$\forall x \forall w ($)

【2】 問【1】の手順を参考に，次の各論理式のスコーレム標準形を求めよ．
(1) $\exists x \forall y \exists z \, p(x, y, z)$
(2) $\forall x \exists y \exists z ((q(x, z) \vee \neg r(y, z)) \wedge p(x, y))$
(3) $\exists x \forall y (\neg q(x, y)) \supset \forall z \exists w (p(z, w))$

【3】 〈例 4.11〉を参考に，単一化アルゴリズムを使用して，次の原子論理式の集合に対しそれぞれの mgu を求めよ．ただし，単一化ができない場合には，その理由を説明せよ．
(1) $S_1 = \{parent(a, itsSon(a)), parent(x, y)\}$
(2) $S_2 = \{brother(a, youngest(a, b, c)), brother(w, youngest(w, x, y)),$
$brother(v, z)\}$
(3) $S_3 = \{child(a, itsFather(a)), child(x, x)\}$

【4】 節集合 S を以下のように与える．

$$S = \{parent(hiroshi, maruko), \quad\quad\quad\quad\quad (4.24)$$
$$child(x, y) \vee \neg parent(y, x), \quad\quad\quad\quad (4.25)$$
$$\neg child(maruko, w)\} \quad\quad\quad\quad\quad\quad (4.26)$$

以下に示す順序で S に導出原理を適用し，空節が得られることを示せ．

節 (4.25) に含まれる $child(x, y)$ と節 (4.26) に含まれる $child(maruko, w)$ は単一化可能であり，その際の mgu{   } を θ_1 とする．θ_1 をこれらの節に適用した導出は以下のようになる．

$$\frac{child(x, y)\theta_1 \vee \neg parent(y, x)\theta_1 \quad \neg child(maruko, w)\theta_1}{\neg parent(\quad\quad\quad\quad)} \quad (4.27)$$

式 (4.27) で得られた導出節と節 (4.24) から導出を行う．このときの mgu {   } を θ_2 とする．θ_2 をこれらの節に適用した導出は以下のようになる．

$$parent(hiroshi, maruko)\theta_2$$
$$\frac{\neg parent(\qquad\qquad)}{\square} \qquad (4.28)$$

【5】節集合 S を以下のように与える。

$$S = \{human(nello), \qquad\qquad (4.29)$$
$$mortal(x) \lor \neg human(x), \qquad\qquad (4.30)$$
$$\neg mortal(w)\} \qquad\qquad (4.31)$$

この節に対し導出原理を適用し空節が得られることを示せ。

【6】節集合 S を問【4】で与えたものとする。この S に対し以下の問に答えよ。
(1) S に対するエルブラン領域を求めよ。
(2) S に対するエルブラン基底を求めよ。
(3) S に対するエルブラン解釈 HI を一つ定義せよ。そして，その HI がエルブランモデルかどうかを，〈例 4.21〉を参考にして示せ。

【7】節集合 S を〈例 4.21〉で与えたものとする。HU_S と HB_S も〈例 4.21〉に示したとおりである。$\mathcal{A}_S = \{bird(hawk), bird(eagle), fly(hawk))\}$ とするとき，エルブラン解釈 $HI = (HU_S, \mathcal{A}_S)$ は S のエルブランモデルとならないことを示せ。

5 様相論理

前章までの命題論理や述語論理では，数学的な命題，真理および事実に関する命題など，それら命題の真偽が，一旦，付与されると変化しない命題を扱ってきました。例えば，「四角形の内角の和は360°である。」という数学的命題は，ユークリッド幾何学の範疇では過去，現在，および未来永劫「真」と解釈され変化しません。実際，「来年は，四角形の内角の和は360°ではない」のように時間の経過とともに命題が変化するようなことは，数学的命題ではありえません。また，「2014年4月1日，消費税は8%にアップしました」という命題は，すでに真と確定しており偽には変化しません。命題論理や述語論理で扱えるのは，このように真偽が変化しないような命題のみです。

一方，**様相論理** (modal logic) の様相とは，大辞林によれば，命題の確実性の度合のことであり，「現実的（実際にそのままあること）」，「可能的（やがてそれになりうる可能性をもつこと）」，「必然的（それ以外ではありえないこと）」の三種類が挙げられています[19]。例えば，「雨が降る」という命題の様相として，「実際に雨が降っている（現実的）」，「やがて雨が降るかもしれない（可能的）」，「必ず雨は降ります（必然的）」の三種類が挙げられます。

このように，様相論理は，状況や場面や時刻などに依存して真偽が変化するような命題の様相（現実的，可能的，必然的）に関する論理です。

5.1 命題様相論理

前章まで，論理式は E などのアルファベットにて表現しましたが，本章で導入するアルファベットを用いた演算子と紛らわしくなりますので，本章での論理式はギリシャ語の ϕ（ファイ），ψ（プサイ），γ（ガンマ）などを用います。

5.1.1 様相演算子

命題の様相を表現するために**様相演算子** (modal operator) を導入します。

定義 5.1（様相演算子）　命題の様相を表現する様相演算子を**表 5.1** のように定義する。

表 5.1　様相演算子

様相演算子（読み方）	表現する様相	論理式	論理式の意味
□（ボックス）	必然的	$\Box\phi$	必然的に論理式 ϕ は真である
◇（ダイヤモンド）	可能的	$\Diamond\phi$	論理式 ϕ は真となる可能性がある
	現実的	ϕ	実際に論理式 ϕ は真である

表 5.1 のように論理式 ϕ の前に様相演算子が付いていない場合は現実的様相を表します。

本節では，様相論理の代表格として，命題論理に様相演算子 □ と ◇ を付け加えた**命題様相論理** (propositional modal logic) の構文論と意味論について説明します。

5.1.2　命題様相論理の構文論

十分な量の命題変数の集合 $\mathbb{P}$ が与えられているとします。

$\mathbb{P} = \{p, q, r, s, t, ...\}$

これら命題変数を用いて定義される命題様相論理の論理式を **BNF 記法** (Backus-Naur form) を用いて定義します。

定義 5.2（命題様相論理の論理式）　命題様相論理の論理式 ϕ は BNF 記法を用いて下記のように定義する[†]。

$$\phi ::= P \mid (\neg\phi) \mid (\phi \vee \phi) \mid (\phi \wedge \phi) \mid (\phi \supset \phi) \mid (\Box\phi) \mid (\Diamond\phi)$$

[†]　BNF 記法における P から $(\phi \supset \phi)$ までの論理式 ϕ の定義は，記述方法は異なりますが，命題論理の論理式の（定義 2.3）と同じです。

116   5. 様相論理

　::= の左辺の ϕ は論理式の構文を表すメタ変数であり，順次定義されていく任意の論理式を代入することができます．右辺は，論理式の構文の形を | で選択的に定義しています．右辺で定義された論理式の構文が左辺の ϕ に代入され，その構文の形を持った ϕ を右辺にて再帰的に使用することで，論理式を再帰的に定義していきます．具体的には，上記の BNF 記法は下記のように読みます．ただし，P は命題記号を表すメタ変数であり，任意の命題変数を代入することができます．

- 命題変数はそれだけで論理式である．
- 論理式の前に，論理演算子 $\neg$ を付けたものも論理式である．
- 二つの論理式の間に，論理演算子 $\vee$ を付けたものも論理式である．
- 二つの論理式の間に，論理演算子 $\wedge$ を付けたものも論理式である．
- 二つの論理式の間に，論理演算子 $\supset$ を付けたものも論理式である．
- 論理式の前に，様相演算子 $\Box$ を付けたものも論理式である．
- 論理式の前に，様相演算子 $\Diamond$ を付けたものも論理式である．

例えば，まず命題変数 p は論理式です．次に，その論理式 p を再帰的に順次用いて構成された，$(\neg p)$, $(p \vee (\neg p))$, $(\Box (\neg p))$ なども論理式です．そして，この BNF 記法を適用して構成された構文のみが命題様相論理の論理式として定義されます．

　また，上記の各規則を適用するたびに，命題論理と同様に括弧（ ）で囲まれた論理式となります．命題論理と同様，括弧の多い表記は見にくいため，下記のように各演算子間に優先順位を定義することにより，括弧を省略して論理式を簡潔に書くことができます．

定義 5.3（論理演算子と様相演算子間の優先順位（$\prec$））　論理演算子と様相演算子間の優先順位は，順序を表す記号 $\prec$ を用いて，以下のように定める．

$$\supset \,\prec\, \vee \,\prec\, \wedge \,\prec\, \{\neg, \Box, \Diamond\}$$

論理演算子間の優先順位は，定義 2.5 と同じである。□ と ◇ の優先順位は ¬ と同じである。

〈例 5.1〉 定義 5.3 の優先順位を理解するために，括弧を省略した論理式と省略していない元の論理式を，表 5.2 に示します。

表 5.2 括弧を省略した論理式と元の論理式

括弧を省略した論理式	元の論理式
$p \supset q \vee r$	$(p \supset (q \vee r))$
$p \supset \Box q \vee r$	$(p \supset ((\Box q) \vee r))$
$\neg \Box \Diamond p \wedge q$	$((\neg(\Box(\Diamond p))) \wedge q)$

5.1.3 可能世界を用いた意味論

本項では，命題様相論理の意味論について説明します。

可能世界 本章では，これから起こる可能性のある状況や場面や時刻などを個々の世界と捉えて，このような世界を**可能世界** (possible world) と呼びます。可能世界は様相論理の意味論に関して中心的な役割を果たします。例えば，経過する各時刻をそれぞれの可能世界として表現します。すると，ある可能世界において可能的様相を持つ命題が真となるのは，その可能世界を開始時刻としてやがてその命題が真となる可能世界に到達する可能性がある場合です。また，可能世界の概念で捉えると，前章までの命題論理や述語論理の論理式は，一つの可能世界の中で真偽の解釈をしていたことになります。

到達可能関係 可能世界の間に何らかの二項関係があるとき**到達可能関係** (accessibility relation) があるといいます。例えば，ある二項関係 R の下に，ある可能世界 s_n から別の可能世界 s_m へ到達できたとき，s_n と s_m には，$s_n R s_m$ という到達可能関係があるといいます。

〈例 5.2〉 p を，命題「雨が降る」を表す命題変数とします。図 5.1 は，次の日という到達可能関係を持った可能世界において「明日は雨が降るかも

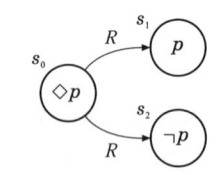

図 5.1 可能世界と到達
可能関係の事例

しれない」という可能的様相を真とする例です。

可能世界 s_0 から次の日という到達可能関係にある可能世界 s_1 では,「論理式 p（実際, 雨が降っている）」が真です. 一方, 可能世界 s_0 から次の日という到達可能関係にある可能世界 s_2 では,「論理式 $\lnot p$（実際, 雨が降っていない）」が真です. この例では, s_0 から到達可能関係にある可能世界に対して, すべての可能世界で p は真ではありませんので必然的に p は真ではないですが, p が真である可能世界はありますので p が真となる可能性はあります. つまり, この例は可能的様相の例となっていますので, s_0 において $\Diamond p$（明日は雨が降るかもしれない）は真と解釈します.

クリプキモデル　可能世界と到達可能関係を用いて, 命題様相論理の論理式を解釈するクリプキモデルについて説明します.

定義 5.4（クリプキフレーム）　空でない可能世界の集合 W と W 上の二項関係としての到達可能関係 R の対 $F = \langle W, R \rangle$ を, 様相論理に対する**クリプキフレーム** (Kripke frame) という.

定義 5.5（クリプキモデル）　$F = \langle W, R \rangle$ をクリプキフレームとする. このとき, W と命題変数の集合 $\mathbb{P}$ に対する写像 $V : W \times \mathbb{P} \to \mathbb{B}$ を, フレーム $\langle W, R \rangle$ 上の真理値割当て[†]という. また, 三つ組 $M = \langle W, R, V \rangle$ を**クリプキモデル** (Kripke model) という.

[†] 命題論理では, 真理値割当ての関数名は, $\mathcal{A}$ としていましたが, この章で導入される経路限定子 A と紛らわしいため, この章では V を使用しています.

論理式の解釈　命題様相論理では，複数の可能世界が存在します。そこで，命題様相論理の論理式の解釈においては，どの可能世界において論理式が成り立つのか指定する必要があります。$M = \langle W, R, V \rangle$ を命題様相論理のクリプキモデルとします。$w \in W$ とし，ϕ を命題様相論理の論理式とします。このとき

$$M, w \models \phi$$

によって，クリプキモデル M 上の可能世界 w において論理式 ϕ が成り立つことを表します。そして，M は ϕ のモデルであるといいます。

定義 5.6（命題様相論理の論理式の解釈）　命題様相論理の論理式 ϕ に対し，$M, w \models \phi$ であるか否かを下記のように定義する。

- $P \in \mathbb{P}$ のとき $M, w \models P$ iff $V(w, P) = \top$
- $M, w \models \neg\phi$ iff $M, w \models \phi$ でない
- $M, w \models \phi \lor \psi$ iff $M, w \models \phi$ または $M, w \models \psi$
- $M, w \models \phi \land \psi$ iff $M, w \models \phi$ かつ $M, w \models \psi$
- $M, w \models \phi \supset \psi$ iff $M, w \models \neg\phi$ または $M, w \models \psi$
- $M, w \models \Box\phi$ iff $w R w'$ を満たす任意の $w' \in W$ に対して $M, w' \models \phi$
- $M, w \models \Diamond\phi$ iff $w R w'$ を満たす w' が存在して $M, w' \models \phi$

〈例 5.3〉　可能世界 $W = \{w_1, w_2, w_3\}$ 間の到達可能関係 R を，$w_1 R w_1$, $w_1 R w_2, w_2 R w_2, w_2 R w_3, w_3 R w_3$ だけが成り立つものと定めます。図 5.2 は，これら可能世界と到達可能関係です。クリプキフレーム $F =$

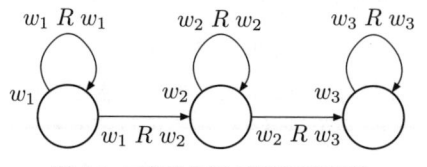

図 5.2　可能世界間の到達可能関係

$\langle W, R \rangle$ の下で真理値割当て V_1, V_2 が，それぞれ**表 5.3**, **表 5.4** で与えられているとします．それぞれの真理値割当てに対して，$\Box p$, $\Box p \supset p$, $\Box\Box p$, $\Box p \supset \Box\Box p$ の真偽を，表 5.3, 表 5.4 に示します．

表 5.3　真理値割当て V_1 による各種論理式の解釈

可能世界 w	w から到達可能な可能世界	$V_1(w,p)$	$\Box p$	$\Box p \supset p$	$\Box\Box p$	$\Box p \supset \Box\Box p$
w_1	w_1, w_2	⊤	⊤	⊤	⊤	⊤
w_2	w_2, w_3	⊤	⊤	⊤	⊤	⊤
w_3	w_3	⊤	⊤	⊤	⊤	⊤

表 5.4　真理値割当て V_2 による各種論理式の解釈

可能世界 w	w から到達可能な可能世界	$V_2(w,p)$	$\Box p$	$\Box p \supset p$	$\Box\Box p$	$\Box p \supset \Box\Box p$
w_1	w_1, w_2	⊤	⊤	⊤	⊥	⊥
w_2	w_2, w_3	⊤	⊥	⊤	⊥	⊤
w_3	w_3	⊥	⊥	⊤	⊥	⊤

5.1.4　命題様相論理の論理式の性質

命題論理，述語論理と同様に，命題様相論理の論理式 ϕ は，恒真，充足可能，充足不能などの性質を持ちます．

定義 5.7（恒真，充足可能，充足不能）　$M = \langle W, R, V \rangle$ を命題様相論理のクリプキモデル，ϕ を命題様相論理の論理式とするとき

恒　真：任意の w に対して $M, w \models \phi$ が成り立つとき $M \models \phi$ と記述する．さらに，任意の M について $M \models \phi$ が成り立つとき $\models \phi$ と記述し，ϕ は恒真であるという．

充足可能：M の可能世界 w の下で $M, w \models \phi$ が成り立つような M および w が存在するとき，ϕ は充足可能であるという．

充足不能：ϕ が充足可能でないとき充足不能であるという．

> **コーヒーブレイク**

自然言語における可能世界　自然言語における must と may は，これらが使用されている状況や場面を可能世界として捉えると，それぞれ，必然性と可能性を表現していることが，下記の例からわかります[18]。

1. He must be exhausted.（信念：彼は疲れているに違いない）
2. It may rain tomorrow.（信念：明日は雨が降るかも知れない）
3. You must study hard.（義務：一生懸命勉強しなければならない）
4. You may play games.（義務：ゲームをしてもよい）

信念に関する must と may に関しては，それぞれ，5.1.1 項の必然的様相と可能的様相の例となっています。You must study hard. は，「You study hard」という命題が must により想定されるすべての可能世界にて（必然的に）成立していることになります。相手に命令している状況だとすれば，必ず You は study hard を行うことしか選択肢はありません。つまり，必ず行わなればならないという「義務」を表すことになります。You may play games. は，「You play games」という命題が may により，この命題が成立する可能世界が存在することになります。そこで，「You play games」をしてもよいということを表しています。

5.1.5　体　系　K

命題様相論理には多くの公理系があります。ここでは，最も基本となる**体系 K** を説明します。

> **定義 5.8**（**体系 K**）　体系 K は，命題論理の公理系 (2.5 節を参照) に，さらに公理 K と必然化規則を追加した公理系である。
>
> **命題論理の公理**
>
> 　　　**A1**：$\phi \supset (\psi \supset \phi)$
>
> 　　　**A2**：$(\phi \supset (\psi \supset \gamma)) \supset ((\phi \supset \psi) \supset (\phi \supset \gamma))$
>
> 　　　**A3**：$(\neg \psi \supset \neg \phi) \supset ((\neg \psi \supset \phi) \supset \psi)$
>
> **公理 K**：$\Box(\phi \supset \psi) \supset (\Box \phi \supset \Box \psi)$

5. 様相論理

$$\text{三段論法}: \frac{\phi \supset \psi \quad \phi}{\psi} \tag{5.1}$$

$$\text{必然化規則}: \frac{\phi}{\Box \phi} \tag{5.2}$$

命題論理の各公理は恒真な論理式です。そこで，公理 **K** が恒真であることを示します。

証明 任意のクリプキモデルを $M = \langle W, R, V \rangle$，$w$ を W の任意の可能世界，w' を $w R w'$ を満たす W の任意の可能世界とする。証明は，公理 **K** 内の前件である $M, w \models \Box(\phi \supset \psi)$ と $M, w \models \Box\phi$ から $M, w \models \Box\psi$ を示せばよい。まず，$M, w \models \Box(\phi \supset \psi)$ から $M, w' \models \phi \supset \psi$ が成り立つので，定義 5.6 の $\supset$ に関する解釈より，$M, w' \models \neg\phi$ または $M, w' \models \psi$ が成り立つ。次に，$M, w \models \Box\phi$ から $M, w' \models \phi$ が成り立つ。よって，$M, w' \models \psi$ が成り立つ。w' は w から到達可能な任意の可能世界であるため，$M, w \models \Box\psi$ が成り立つ。 □

必然化規則は，無条件に ϕ が証明できるなら，つまり ϕ が定理なら，任意の可能世界でも ϕ が定理であることが証明できるという規則です。

〈例 **5.4**〉 体系 **K** を用いて $\Box\phi \supset \Box(\psi \supset \phi)$ を証明してみましょう。

証明 体系 **K** の公理 A1 に必然化規則，公理 **K**，三段論法を用いて，下記の証明図を作成する。

$$\cfrac{\cfrac{\text{公理 A1}}{\phi \supset (\psi \supset \phi)}}{\cfrac{\Box(\phi \supset (\psi \supset \phi)) \quad \overset{\text{公理 K}}{\Box(\phi \supset (\psi \supset \phi)) \supset (\Box\phi \supset \Box(\psi \supset \phi))}}{\Box\phi \supset \Box(\psi \supset \phi)}}$$

以上より $\Box\phi \supset \Box(\psi \supset \phi)$ が証明された。 □

定理 5.1（体系 **K** の健全性） 体系 **K** において任意の命題様相論理の論理式 ϕ に対して $\vdash \phi$ [†] ならば $\models \phi$ が成り立つ。すなわち，体系 **K** は健全性を持つ。

[†] $\vdash \phi$ の定義は（定義 2.21）と同じです。

健全性の証明は，各公理が恒真であることと，各推論規則の前提が恒真ならば結論も恒真であることを示すことにより行います[14]。

定理 5.2　（体系 K の完全性）　体系 K において任意の命題様相論理の論理式 ϕ に対して $\models \phi$ ならば $\vdash \phi$ が成り立つ．すなわち，体系 K は完全性を持つ．

完全性の証明は，任意の論理式 ϕ に対して，$\vdash \phi$ でないならば，あるモデル $M = \langle W, R, V \rangle$ と W の世界 $w \in W$ が存在して，$M, w \models \neg \phi$ が成り立つことを示すことにより行います[14]。

5.1.6　いろいろな様相論理

任意のクリプキモデル $M = \langle W, R, V \rangle$ に対しては，恒真ではないのですが，到達可能関係 R に制約を設けると，任意の W と任意の V に対して成り立つ論理式があります．特に，下記の論理式は公理型としてよく知られています．

定義 5.9　（様相論理の公理型）　様相論理の公理型として，□ を持つ下記の論理式を定義する．

T：　$\Box \phi \supset \phi$

4：　$\Box \phi \supset \Box \Box \phi$

D：　$\Box \phi \supset \Diamond \phi$

B：　$\phi \supset \Box \Diamond \phi$

5：　$\Diamond \phi \supset \Box \Diamond \phi$

体系 K に上記の公理型を公理として付け加えることによって，さまざまな様相論理の公理系が得られます．例えば，体系 K に公理型 D を付け加えた公理系は体系 **KD** といいます．

5.1.7 恒真な論理式と到達可能関係

(定義 5.7) の恒真の条件を緩和します。到達可能関係 R に制約を設けた任意のクリプキモデル $M = \langle W, R, V \rangle$ の任意の可能世界 w の下に $M, w \models \phi$ が成り立てば恒真とします。このとき，(定義 5.9) の公理型は，下記のような制約をそれぞれ設ければ，恒真な論理式となります。

定理 5.3 （恒真な論理式と到達可能関係）　　左部の到達可能関係 R に制約を設けた任意のクリプキモデル $\langle W, R, V \rangle$ に対して恒真な論理式と，右部の到達可能関係 R の制約には下記の関係がある。

- **T** が恒真　iff　R が反射的 (reflexive)：$\forall w\, w\, R\, w$
- **4** が恒真　iff　R が推移的 (transitive)：$w\, R\, w'$ かつ $w'\, R\, w''$ ならば $w\, R\, w''$
- **D** が恒真　iff　R が継続的 (serial)：$\forall w \exists w'\, w\, R\, w'$
- **B** が恒真　iff　R が対称的 (symmetric)：$w\, R\, w'$ ならば $w'\, R\, w$
- **5** が恒真　iff　R がユークリッド的 (Euclidian)：$w\, R\, w'$ かつ $w\, R\, w''$ ならば $w'\, R\, w''$

図 **5.3** は制約を付けた到達可能関係を設けたクリプキモデルの例です。

以下に，到達可能関係がユークリッド的であるならば **5** が恒真となることを証明します。

証明　到達可能関係 R がユークリッド的である任意のクリプキモデルを $M = \langle W, R, V \rangle$，$w$ を任意の可能世界とする。今，$M, w \models \Diamond\phi$ とすると $w\, R\, w''$ かつ $M, w'' \models \phi$ が成り立つ可能世界 w'' が存在する。ユークリッド条件 $w\, R\, w'$ かつ $w\, R\, w''$ ならば $w'\, R\, w''$ より，$w\, R\, w'$ となる任意の可能世界 w' に対して到達可能関係 $w'\, R\, w''$ がある。よって，$M, w' \models \Diamond\phi$ が成り立つ。w' は w から到達可能関係にある任意の可能世界であるため，$M, w \models \Box\Diamond\phi$ が成り立つ。　□

ここまで，命題様相論理にて状況，場面，時刻などに依存して真偽が変化する命題を対象としてきました。

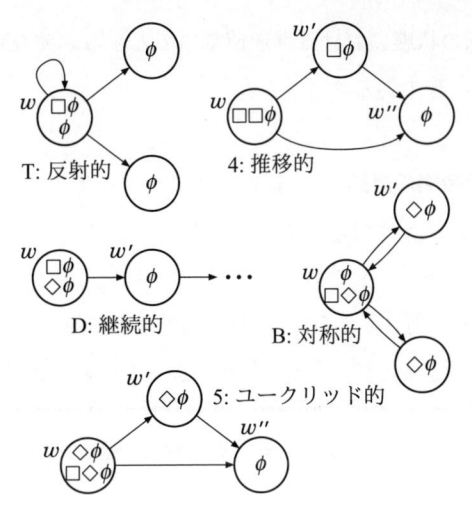

図 5.3　各公理型の制約された到達可能関係

5.2　命題線形時間時相論理

時相論理 (temporal logic)[17),20)] は，ある物や事象が時刻に依存して真偽が変化する命題の様相を対象とします．可能世界として，時刻に依存して変化する状態の集合を W とします．

本節では，時間の構造として，一直線上に時刻が経過するような線形時間を考えます．まず，線形時間を構築するための**線形時間クリプキモデル** $M = \langle W, R, V \rangle$ を定義し，次に，そのモデル上に線形時間を表現する**経路** (path) を定義します．

定義 5.10（**線形時間クリプキモデル**）　線形時間クリプキモデル $M = \langle W, R, V \rangle$ を以下のように定義する．

- W は状態の集合である．
- R は状態間の到達可能関係を表す二項関係であって，以下の条件を満たすものとする：任意の状態 s に対し，$s\,R\,s'$ を満たす状態 s' がちょうど一つ存在する．

- V は任意の状態における真理値割当てとする．すなわち，写像 $V:$ $W \times \mathbb{P} \to \mathbb{B}$ である．

定義 5.11（線形時間の経路）　線形時間クリプキモデル $M = \langle W, R, V \rangle$ 上の線形時間の経路 π とは，$s_0 R s_1, s_1 R s_2, s_2 R s_3, \ldots$ を満たす状態の無限列 $\{s_0, s_1, s_2, s_3, \ldots\}$ である．また，このとき列の先頭の要素 s_0 を，経路 π の開始状態と呼ぶ．さらに，0以上の整数 k に対し，π 中の要素 s_k から始まる無限列 $\{s_k, s_{k+1}, \ldots\}$ を π^k と書き，これを π の部分経路と呼ぶ．

線形時間クリプキモデルでは，ある状態を開始状態とする経路は唯一に決まります．この意味で，線形時間クリプキモデルでの時間構造は"一直線状"と考えられます（図 5.4）．

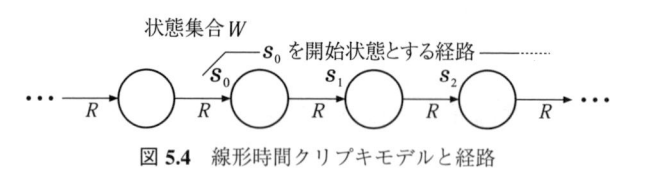

図 5.4　線形時間クリプキモデルと経路

5.2.1 時相オペレータ

次に，経路 π 上の状態遷移に伴って，真偽が変化するような命題の様相を表現するために，**時相オペレータ** (temporal operator) G, X, F, U を導入します．各オペレータの直感的意味は次のとおりです．

- G：経路上の任意の (Globally) 状態で（必然的）
- X：経路上の次 (neXt) の状態で（可能的）
- F：経路上のいつか (Finally) ある状態で（可能的）
- ϕ U ψ：経路上のいつかある状態で ψ が成り立つ（可能的）まで (Until)，ϕ が開始状態からずっと成り立つ（必然的）

このような線形時間の経路を持つ時相論理の代表格として，**命題線形時間時相論理** (propositional linear-time temporal logic)（以下，命題線形時間時相論理を PLTL と略します）を取り上げます．以下，命題論理に時相オペレータを付

5.2 命題線形時間時相論理

5.2.2 PLTLの構文論

け加えた PLTL の構文論と意味論について説明します。

PLTL の論理式を BNF 記法を用いて定義します。

定義 5.12（**PLTL の論理式**）　　PLTL の論理式 ϕ は BNF 記法を用いて下記のように定義する。

$$\phi ::= P \mid (\neg \phi) \mid (\phi \vee \phi) \mid (\mathsf{X}\phi) \mid (\phi \, \mathsf{U} \, \phi) \mid (\mathsf{F}\phi) \mid (\mathsf{G}\phi)$$

これらに加えて，$\phi \wedge \psi, \phi \supset \psi$ を，それぞれ $(\neg((\neg\phi) \vee (\neg\psi)))$, $((\neg\phi) \vee \psi)$ の略記とします。つまり，$\wedge, \supset$ は，論理演算子ではなく，簡潔に表現するための略記とします。

また，これまでと同様，以下のように優先順位を定めることによって，論理式の冗長な括弧を省略します。

定義 5.13（略記を含む論理演算子と時相オペレータ間の優先順位（$\prec$））
略記を含む論理演算子と時相オペレータ間の優先順位は，順序を表す記号 $\prec$ を用いて，以下のように定める。

$$\supset \prec \mathsf{U} \prec \vee \prec \wedge \prec \{\neg, \mathsf{X}, \mathsf{F}, \mathsf{G}\}$$

〈**例 5.5**〉　5.13 の優先順位を理解するために，括弧を省略した論理式と省略していない元の論理式を**表 5.5** に示します。

表 5.5　PLTL の括弧を省略した論理式と元の論理式

括弧を省略した論理式	元の論理式
$\mathsf{X}p \supset \mathsf{F}p$	$((\mathsf{X}p) \supset (\mathsf{F}p))$
$\mathsf{G}p \supset \mathsf{F}p$	$((\mathsf{G}p) \supset (\mathsf{F}p))$
$p \, \mathsf{U} \, q \supset q$	$((p \, \mathsf{U} \, q) \supset q)$
$p \, \mathsf{U} \, q \vee \neg r$	$(p \, \mathsf{U} \, (q \vee (\neg r)))$

5.2.3 PLTLの意味論

本項では，PLTL の意味論について説明します。

論理式の解釈　　$\langle W, R, V \rangle$ を 定義 5.10 で定義した線形時間クリプキモデル，π を 定義 5.11 で定義した M 上の線形時間の経路，そして π^k を 定義 5.11 で定義した π の部分経路とします。このとき

$$M, \pi \models \phi$$

によって，クリプキモデル M 上の経路 π について論理式 ϕ が成り立つことを表します。同様に

$$M, \pi^k \models \phi$$

によって，クリプキモデル M 上の経路 π^k について論理式 ϕ が成り立つことを表します。

定義 5.14（**PLTL の論理式の解釈**）　　PLTL の論理式 ϕ に対し，$M, \pi \models \phi$ であるか否かを下記のように定義する。

- $P \in \mathbb{P}$ のとき $M, \pi \models P$ iff π の開始状態 s_0 に対して $V(s_0, P) = \top$
- $M, \pi \models \neg \phi$ iff $M, \pi \models \phi$ でない。
- $M, \pi \models \phi \lor \psi$ iff $M, \pi \models \phi$ または $M, \pi \models \psi$
- $M, \pi \models \mathsf{X}\phi$ iff $M, \pi^1 \models \phi$
- $M, \pi \models \phi \mathsf{U} \psi$ iff ある k に対して $M, \pi^k \models \psi$ が成り立ち，かつ任意の i に対して $0 \leq i < k$ ならば $M, \pi^i \models \phi$ が成り立つ。
- $M, \pi \models \mathsf{F}\phi$ iff ある k に対して $M, \pi^k \models \phi$
- $M, \pi \models \mathsf{G}\phi$ iff 任意の k に対して $M, \pi^k \models \phi$

各時相オペレータの直感的な意味は，下記の例題のクリプキモデルの図 **5.5** を参考にしてください。

〈例 5.6〉　π を日々を単位とする経路，p, q を，それぞれ「雨が降る」，「異常乾燥です」を表す命題変数とします．時間経過に伴うある一連の状態遷移の事例は下記のように記述できます．

1. $M, \pi \models \mathsf{X} p$：明日は雨が降ります．
2. $M, \pi \models q \mathsf{U} p$：雨が降るまで，毎日異常乾燥です．
3. $M, \pi \models \mathsf{F} p$：やがて雨が降ります．
4. $M, \pi \models \mathsf{G} p$：毎日雨が降ります．

〈例 5.6〉のクリプキモデルは図 5.5 のとおりです．

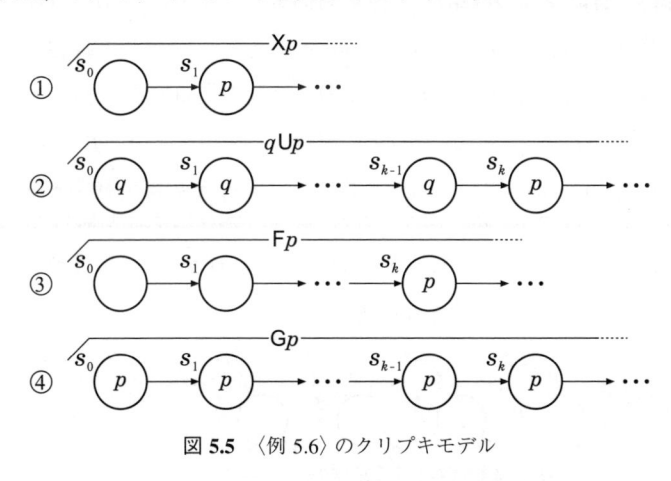

図 5.5　〈例 5.6〉のクリプキモデル

5.3　命題分岐時間時相論理 CTL

本節では，時間構造として各状態がその直後に複数の状態を持つ，つまり各状態から分岐する分岐時間を考えます．まず，分岐時間を構築するための**分岐時間クリプキモデル** $\langle W, R, V \rangle$ を定義し，次に，そのモデル上に分岐時間を表現する経路を定義します．

定義 5.15（**分岐時間クリプキモデル**）　分岐時間クリプキモデル $\langle W, R, V \rangle$ を以下のように定義する．

- W は状態の集合である。
- R は状態間の到達可能関係を表す二項関係で,任意の状態 s に対して $s\,R\,t$ を満たす状態 t が存在する。つまり,各状態は少なくとも一つ以上の次の状態を持つ。
- V は任意の状態における真理値割当てとする。すなわち,写像 $V: W \times \mathbb{P} \to \mathbb{B}$ である。

定義 5.16(分岐時間の経路) 分岐時間クリプキモデル $M = \langle W, R, V \rangle$ 上の経路 π とは,$s_0\,R\,s_1, s_1\,R\,s_2, s_2\,R\,s_3, \ldots$ を満たす状態の無限列 $\{s_0, s_1, s_2, s_3, \ldots\}$ である。また,このとき列の先頭の要素 s_0 を,経路 π の開始状態と呼ぶ。さらに,0 以上の整数 k に対し,π 中の要素 s_k から始まる無限列 $\{s_k, s_{k+1}, \ldots\}$ を π^k と書き,これを π の部分経路と呼ぶ。

分岐時間クリプキモデルの時間構造は,図 **5.6** のようになります。ある状態を開始状態とする経路は複数あり得ます。

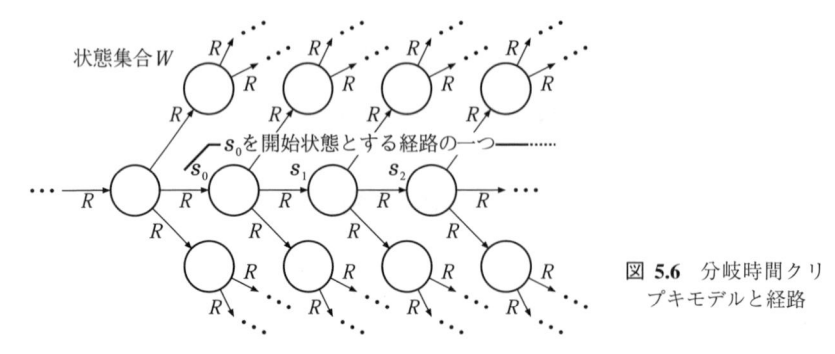

図 **5.6** 分岐時間クリプキモデルと経路

5.3.1 経路限定子

各状態の下で,論理式を真とする経路の存在に関する様相を表現するために,**経路限定子** (path quantifier) E および A を導入します。これら限定子の直感的意味は次のとおりです。

- E:現在の状態から始まるある経路で (exists)(可能的)

- A：現在の状態から始まる任意の経路で (all)（必然的）

例えば，時相オペレータと組み合わせた論理式 $\mathsf{EX}\phi$ は，「現在の状態から遷移可能な次の状態において ϕ が成り立つ経路が存在する」という意味です。

このように時間が分岐した木構造を持つ**命題分岐時相論理** (propositional branching-time temporal logic) の典型例として **CTL**(computational tree logic) の構文論と意味論について説明します。

5.3.2 CTL の構文論

命題線形時間時相論理に，経路限定子を付け加えた CTL の構文論を説明します。CTL の論理式を BNF 記法を用いて定義します。ただし，ここでは最初から演算子の優先順位を $\supset \prec \mathsf{U} \prec \vee \prec \wedge \prec \{\neg, \mathsf{X}, \mathsf{F}, \mathsf{G}, \mathsf{A}, \mathsf{E}\}$ と定めることで，冗長な括弧を省きます。

定義 5.17 CTL の論理式 ϕ は BNF 記法を用いて下記のように定義する。

$\phi ::= P \mid \neg\phi \mid \phi \vee \phi \mid$
$\quad \mathsf{EX}\phi \mid \mathsf{E}(\phi \, \mathsf{U} \, \phi) \mid \mathsf{EF}\phi \mid \mathsf{EG}\phi \mid$
$\quad \mathsf{AX}\phi \mid \mathsf{A}(\phi \, \mathsf{U} \, \phi) \mid \mathsf{AF}\phi \mid \mathsf{AG}\phi$

これらに加えて，$\phi \wedge \phi', \phi \supset \phi'$ を，それぞれ $\neg(\neg\phi \vee \neg\phi'), \neg\phi \vee \phi'$ の略記として導入します。また，$\mathsf{X}, \mathsf{U}, \mathsf{F}, \mathsf{G}$ は，PLTL と同様，経路上の時相オペレータで，直感的な意味も PLTL と同じです。

5.3.3 CTL の意味論

本項では，CTL の意味論について説明します。

論理式の解釈 s_0 を，分岐時間クリプキモデル $M = \langle W, R, V \rangle$ 上の状態とします。このとき，M 上の状態 s_0 において CTL の論理式 ϕ が成り立つことを

$M, s_0 \models \phi$

と表記します．また，$M, s_0 \models \phi$ であるか否かを，以下のように定義します．

> **定義 5.18**（**CTL の論理式の解釈**）　CTL の論理式 ϕ に対し，$M, s_0 \models \phi$ であるか否かを下記のように定義する．
> - $P \in \mathbb{P}$ のとき $M, s_0 \models P$ **iff** $V(s_0, P) = \top$
> - $M, s_0 \models \neg \phi$ **iff** $M, s_0 \models \phi$ でない．
> - $M, s_0 \models \phi \vee \psi$ **iff** $M, s_0 \models \phi$ または $M, s_0 \models \psi$
> - $M, s_0 \models \mathsf{EX}\phi$ **iff** $s_0 \, R \, s_1$ を満たす状態 s_1 が存在して $M, s_1 \models \phi$
> - $M, s_0 \models \mathsf{AX}\phi$ **iff** $s_0 \, R \, s_1$ を満たす任意の状態 s_1 に対して $M, s_1 \models \phi$
> - $M, s_0 \models \mathsf{E}(\phi \mathsf{U} \psi)$ **iff** s_0 を開始状態とするある経路 π が存在して，以下の条件を満たす：$\pi = s_0, s_1, \ldots$ とすると，ある k が存在して $M, s_k \models \psi$ が成り立ち，かつ任意の $0 \leq i < k$ に対して $M, s_i \models \phi$ が成り立つ．
> - $M, s_0 \models \mathsf{A}(\phi \mathsf{U} \psi)$ **iff** s_0 を開始状態とする任意の経路 π が以下の条件を満たす：$\pi = s_0, s_1, \ldots$ とすると，ある k が存在して $M, s_k \models \psi$ が成り立ち，かつ任意の $0 \leq i < k$ に対して $M, s_i \models \phi$ が成り立つ．
> - $M, s_0 \models \mathsf{EF}\phi$ **iff** s_0 を開始状態とするある経路 π，およびその上のある状態 s_k が存在して $M, s_k \models \phi$ が成り立つ．
> - $M, s_0 \models \mathsf{AF}\phi$ **iff** s_0 を開始状態とする任意の経路 π に対して，π 上のある状態 s_k が存在して $M, s_k \models \phi$ が成り立つ．
> - $M, s_0 \models \mathsf{EG}\phi$ **iff** s_0 を開始状態とするある経路 π が存在して，π 上の任意の状態 s_k に対して $M, s_k \models \phi$ が成り立つ．
> - $M, s_0 \models \mathsf{AG}\phi$ **iff** s_0 を開始状態とする任意の経路 π 上の任意の状態 s_k に対して $M, s_k \models \phi$ が成り立つ．

〈例 5.7〉 (定義 5.16)の R を「次の日」を表す到達可能関係と考え,「今日」を表す状態を s_0 とし,p, q は,それぞれ「雨が降る」,「異常乾燥です」を表す命題変数とします。CTL で,下記のような一連の時間的な状態遷移に関する様相を記述することができます。例えば,下記の「明日雨が降るかもしれません。」は,今日から明日,雨が降るという次の状態遷移が存在する可能性があること,つまり,明日天気になる場合も考えられるが,雨が降る場合も予測できることを表現しています。

1. $M, s_0 \models \mathsf{EX}\,p$：明日は雨が降るかもしれません。
2. $M, s_0 \models \mathsf{AX}\,p$：明日は必ず雨が降ります。
3. $M, s_0 \models \mathsf{E}(q\mathsf{U}p)$：雨が降るまで,毎日,異常乾燥かもしれません。
4. $M, s_0 \models \mathsf{A}(q\mathsf{U}p)$：雨が降るまで,毎日,異常乾燥に違いありません。
5. $M, s_0 \models \mathsf{EF}\,p$：そのうち雨が降るかもしれません。
6. $M, s_0 \models \mathsf{AF}\,p$：そのうち雨が降るに違いありません。
7. $M, s_0 \models \mathsf{EG}\,p$：毎日雨が降るかもしれません。
8. $M, s_0 \models \mathsf{AG}\,p$：毎日雨が降るに違いありません。

図 5.7 は,上記 2., 3., 6. のクリプキモデルです。

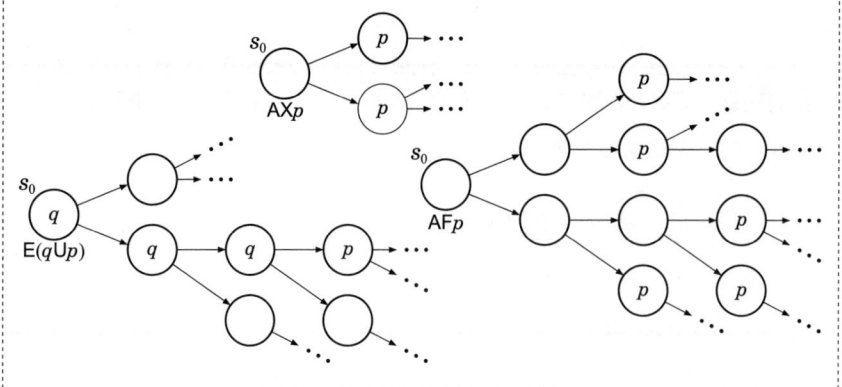

図 5.7 〈例 5.7〉のクリプキモデル

5.4 命題分岐時間時相論理 CTL*

CTL は，経路限量子 E（ある経路が存在して）と A（任意の経路に対して）のどちらかに引き続いて，線形時間論理演算子 X（次の状態で），$\phi \mathsf{U} \psi$（ψ が成り立つまで ϕ が成り立つ），F（ある状態で），G（任意の状態で）のどれかが続いていました。CTL* の論理式は，PLTL と CTL の論理式を融合した，下記の BNF で定義される**状態論理式** (state formula)（状態の真偽を表す）ϕ および**経路論理式** (path formula)（経路の真偽を表す）ψ です。特に，PLTL で定義した経路に関する論理式を，状態論理式そのもの，経路論理式を論理演算子で結合したもの，および経路論理式を用いて再帰的な経路論理式などに拡張しています。

5.4.1 CTL* の構文論

本項では，CTL* の構文論について説明します。

CTL* の論理式を BNF 記法を用いて定義します。今回も，最初から演算子の優先順位を $\supset \prec \mathsf{U} \prec \vee \prec \wedge \prec \{\neg, \mathsf{X}, \mathsf{F}, \mathsf{G}, \mathsf{A}\}$ と定めることで，冗長な括弧を省きます。

定義 5.19（**CTL* の論理式**）　CTL* の状態論理式を下記の BNF 記法による ϕ で，経路論理式を同 ψ で定義する。

$\phi ::= P \mid \neg \phi \mid \phi \vee \phi \mid \mathsf{A}\psi$

$\psi ::= \phi \mid \neg \psi \mid \psi \vee \psi \mid \mathsf{X}\psi \mid \psi \mathsf{U} \psi$

これらに加えて，$\phi \wedge \phi'$, $\phi \supset \phi'$, $true$ を，それぞれ $\neg(\neg \phi \vee \neg \phi')$, $\neg \phi \vee \phi'$, $p \vee \neg p$ の略記，$\mathsf{E}\psi$, $\mathsf{F}\psi$, $\mathsf{G}\psi$ を，それぞれ $\neg \mathsf{A} \neg \psi$, $true \mathsf{U} \psi$, $\neg \mathsf{F} \neg \psi$ の略記として導入します。A, E, X, U, F, G のいずれのオペレータも，直感的な意味は CTL と同じです。

5.4.2 CTL*の意味論

本項では，CTL*の意味論について説明します。

論理式の解釈　CTLと同様，s_0 を，分岐時間クリプキモデル $\langle W, R, V \rangle$ 上の状態とします。また，π を M 上の経路とします。このとき，M 上の状態 s_0 において CTL*の状態論理式 ϕ が成り立つことを

$$M, s_0 \models \phi$$

と表し，また，M 上の経路 π について CTL*の経路論理式 ψ が成り立つことを

$$M, \pi \models \psi$$

と表します。$M, s_0 \models \phi$ ないしは $M, \pi \models \psi$ であるか否かを，以下のように定義します。

定義 5.20（**CTL*の論理式の解釈**）　CTL*の論理式 ϕ に対し，$M, s_0 \models \phi$ ないしは $M, \pi \models \psi$ であるか否かを，以下のように定義する。

- 状態論理式について
    - $P \in \mathbb{P}$ のとき $M, s_0 \models P$ **iff** $V(s_0, P) = \top$
    - $M, s_0 \models \neg\phi$ **iff** $M, s_0 \models \phi$ でない。
    - $M, s_0 \models \phi \vee \phi'$ **iff** $M, s_0 \models \phi$ または $M, s_0 \models \phi'$
    - $M, s_0 \models \mathsf{A}\psi$ **iff** s_0 で始まる任意の経路 π に対して $M, \pi \models \psi$
- 経路論理式に対して
    - ϕ が状態論理式のとき
      $M, \pi \models \phi$ **iff** π の開始状態 s_0 に対して $M, s_0 \models \phi$
    - $M, \pi \models \neg\psi$ **iff** $M, \pi \models \psi$ でない。
    - $M, \pi \models \psi \vee \psi'$ **iff** $M, \pi \models \psi$ または $M, \pi \models \psi'$
    - $M, \pi \models \mathsf{X}\psi$ **iff** $M, \pi^1 \models \psi$
    - $M, \pi \models \psi \mathsf{U} \psi'$ **iff** ある k が存在して $M, \pi^k \models \psi'$ が成り立

ち，かつ任意の i に対して $0 \leq i < k$ ならば $M, \pi^i \models \psi$ が成り立つ．

〈**例 5.8**〉 〈例 5.7〉と同様に，R を「次の日」を表す到達可能関係と考え，「今日」を表す状態を s_0 とし，p, q は，それぞれ「雨が降る」，「異常乾燥です」を表す命題変数とする．CTL*で記述できる一連の時間的な状態遷移に関する様相を記述することができます．

- $M, \pi \models \mathsf{X\,AG}\,p$：明日から毎日，雨が降り続きます．
- $M, \pi \models q\,\mathsf{U}\,\mathsf{G}\,p$：雨がずっと降り続くようになるまでは，ずっと異常乾燥です．

図 **5.8** は，〈例 5.8〉のクリプキモデルです．

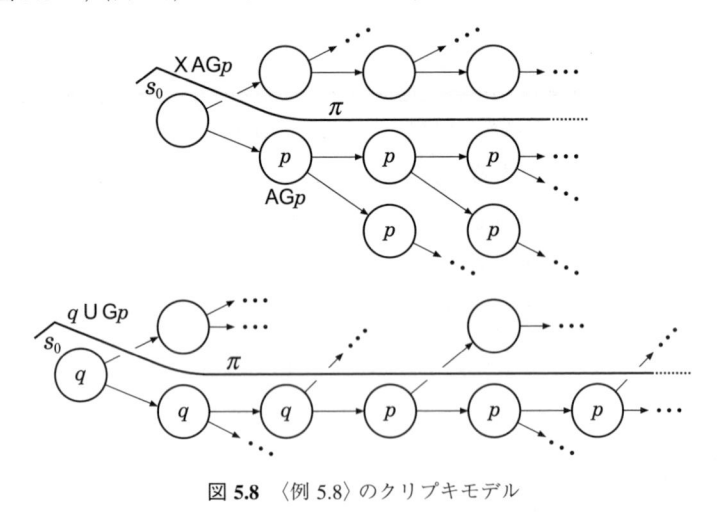

図 **5.8** 〈例 5.8〉のクリプキモデル

以上，代表的な時相論理について説明しました．

5.5 命題信念様相論理

信念様相論理は，エージェント自身やエージェントを取り巻く状況や場面などの変化に依存して，エージェントの信念が変化していく様相に関する論理です。

5.5.1 信念オペレータ

まず，エージェントの信念を表現するために，**信念オペレータ** (belief operator) BEL を導入します。信念オペレータの直感的意味は次のとおりです。

- BEL(p)：p を信じている（到達可能関係にあるすべての可能世界において p が成り立つ）（必然的）

以下，命題論理に信念オペレータ BEL を付け加えた**命題信念様相論理** (propositional belief modal logic) の構文論と意味論について説明します。

5.5.2 命題信念様相論理の構文論

命題信念様相論理の論理式を BNF 記法を用いて定義します。ここでも，最初から演算子の優先順位を $\supset \prec \vee \prec \wedge \prec \{\neg, \text{BEL}\}$ と定めることで，冗長な括弧を省きます。

> **定義 5.21**（命題信念様相論理の論理式） 命題信念様相論理の論理式 ϕ は BNF 記法を用いて下記のように定義する。
>
> $\phi ::= P \mid \neg \phi \mid \phi \vee \phi \mid \text{BEL}(\phi)$

これらに加えて，$\phi \wedge \phi'$, $\phi \supset \phi'$ を，それぞれ $\neg(\neg\phi \vee \neg\phi')$, $\neg\phi \vee \phi'$ の略記として導入します。

5.5.3 命題信念様相論理の意味論

本項では，命題信念様相論理の意味論について説明します。

論理式の解釈　　s を，定義 5.5 のクリプキモデル $\langle W, R, V \rangle$ 上の状態とします。ただし，R は継続的，推移的かつユークリッド的（定理 5.3）であるものとします。このとき，M 上の状態 s において論理式 ϕ が成り立つことを

$$M, s \models \phi$$

と表記し，$M, s \models \phi$ であるか否かを，以下のように定義します。

定義 5.22（命題信念様相論理の論理式の解釈）　　命題信念様相論理の論理式 ϕ に対し，$M, s \models \phi$ であるか否かを，以下のように定義する。

- $P \in \mathbb{P}$ のとき $M, s \models P$ iff $V(s, P) = \top$
- $M, s \models \neg\phi$ iff $M, s \models \phi$ でない。
- $M, s \models \phi \vee \psi$ iff $M, s \models \phi$ または $M, s \models \psi$
- $M, s \models \mathsf{BEL}(\phi)$ iff sRt を満たす任意の t について，$M, t \models \phi$

5.5.4 命題信念様相論理の体系

命題信念様相論理の公理系は，下記のように定義されます。

定義 5.23（命題信念様相論理の体系）　　命題信念様相論理の体系は，以下の公理と三段論法，必然化規則からなる公理系である。

命題論理の公理

- **A1**：$\phi \supset (\psi \supset \phi)$
- **A2**：$(\phi \supset (\psi \supset \gamma)) \supset ((\phi \supset \psi) \supset (\phi \supset \gamma))$
- **A3**：$(\neg\psi \supset \neg\phi) \supset ((\neg\psi \supset \phi) \supset \psi)$

命題信念様相論理の公理

K： $\mathrm{BEL}(\phi \supset \psi) \supset (\mathrm{BEL}(\phi) \supset \mathrm{BEL}(\psi))$

D： $\mathrm{BEL}(\phi) \supset \neg \mathrm{BEL}(\neg \phi)$

4： $\mathrm{BEL}(\phi) \supset \mathrm{BEL}(\mathrm{BEL}(\phi))$

5： $\neg \mathrm{BEL}(\phi) \supset \mathrm{BEL}(\neg \mathrm{BEL}(\phi))$

三段論法： $\dfrac{\phi \supset \psi \quad \phi}{\psi}$ (5.3)

必然化規則： $\dfrac{\phi}{\mathrm{BEL}(\phi)}$ (5.4)

公理 **D** は R が継続的であるため恒真となり，ϕ を信じていれば，ϕ が偽であるとは信じていない，つまり，矛盾することは信じていないという信念に対する要件となっています．公理 **4**（公理 **5**）は，信念を持つ「ϕ を信じている（いない）なら，自分が ϕ を信じている（いない）こと自体を信じている」との要請であり，R が推移的かつユークリッド的であるため恒真となります．以上の三つは 定義 5.9 で与えた公理と同じ式です．

定理 5.4 （命題信念様相論理の健全性） 命題信念様相論理において任意の命題信念様相論理の論理式 ϕ に対して $\vdash \phi$ ならば $\models \phi$ が成り立つ．すなわち，命題信念様相論理は健全性を持つ．

健全性の証明は，各公理が恒真であることと，各推論規則の前提が恒真ならば結論も恒真であることを示すことにより行います[14]．

定理 5.5 （命題信念様相論理の完全性） 命題信念様相論理において任意の命題信念様相論理の論理式 ϕ に対して $\models \phi$ ならば $\vdash \phi$ が成り立つ．すなわち，命題信念様相論理は完全性を持つ．

140 5. 様 相 論 理

完全性の証明は，任意の論理式 ϕ に対して，$\vdash \phi$ でないならば，あるモデル $M = \langle W, R, V \rangle$ と W の世界 $w \in W$ が存在して，$M, w \models \neg \phi$ が成り立つことを示すことにより行います[†1]。

〈例 5.9〉 例として，この公理系の下で，$\mathrm{BEL}(p) \supset \mathrm{BEL}(\neg \mathrm{BEL}(\neg p))$ が定理[†2]であることを示してみましょう。これは『p を信じているならば，「p でないと信じてはいない」と信じている』ということを表します。

そのための準備として，まず

$$\frac{\phi \supset \psi \quad \psi \supset \sigma}{\phi \supset \sigma}$$

という補助規則が使えることを示しておきます。これは下記の証明図により示せます（用いている規則は三段論法のみです）[†3]。

$$\frac{\phi \supset \psi \quad \dfrac{\psi \supset \sigma \quad \overbrace{(\psi \supset \sigma) \supset (\phi \supset (\psi \supset \sigma))}^{\text{公理 A1}}}{\phi \supset (\psi \supset \sigma)} \quad \overbrace{(\phi \supset (\psi \supset \sigma)) \supset ((\phi \supset \psi) \supset (\phi \supset \sigma))}^{\text{公理 A2}}}{\dfrac{(\phi \supset \psi) \supset (\phi \supset \sigma)}{\phi \supset \sigma}}$$

この規則があれば，上述の式が定理であることは次のような証明図によって示すことができます。

$$\frac{\dfrac{\overbrace{\mathrm{BEL}(p) \supset \neg \mathrm{BEL}(\neg p)}^{\text{公理 D}}}{\mathrm{BEL}(\mathrm{BEL}(p) \supset \neg \mathrm{BEL}(\neg p))} \text{必然化} \quad \overbrace{\mathrm{BEL}(\mathrm{BEL}(p) \supset \neg \mathrm{BEL}(\neg p)) \supset (\mathrm{BEL}(\mathrm{BEL}(p)) \supset \mathrm{BEL}(\neg \mathrm{BEL}(\neg p)))}^{\text{公理 K}}}{\dfrac{\mathrm{BEL}(\mathrm{BEL}(p)) \supset \mathrm{BEL}(\neg \mathrm{BEL}(\neg p)) \quad \overbrace{\mathrm{BEL}(p) \supset \mathrm{BEL}(\mathrm{BEL}(p))}^{\text{公理 4}}}{\mathrm{BEL}(p) \supset \mathrm{BEL}(\neg \mathrm{BEL}(\neg p))} \text{補助規則}} \text{三段論法}$$

[†1] 命題信念様相論理の完全性の証明は，本書の補足資料 (http://www.info.kindai.ac.jp/MLRA/) を参照してください。

[†2] 「定理」という語の定義は，定義 2.21 と同じです。

[†3] スペースの都合で，証明図の一部を矢印で上に伸ばしています。

演 習 問 題

【1】 次のような分岐時間クリプキモデル $M = \langle W, R, V \rangle$ (図 5.9) を考える。ただし，$\mathbb{P} = \{p, q, r\}$ とする。
- $W = \{s_\ell \mid \ell\ \text{は}\ a\ \text{と}\ b\ \text{のみからなる長さ}\ 0\ \text{以上の文字列}\}$
- $s_\ell\ R\ s_{\ell'}$ iff ℓ' は ℓ のうしろに 1 文字付け加えた文字列
- V は以下の真理値割当て
    - $V(s_\ell, p) = \top$ iff ℓ の末尾が a
    - $V(s_\ell, q) = \top$ iff ℓ は b のみからなる
    - $V(s_\ell, r) = \top$ iff ℓ の長さが素数

このとき，以下の CTL の論理式が，$M, s_{空文字列}$ で成り立つかどうかを求めよ。
(1) AG AF r
(2) AG EX p
(3) EF$(p \wedge$ EG $q)$
(4) A$(q$ U $p)$

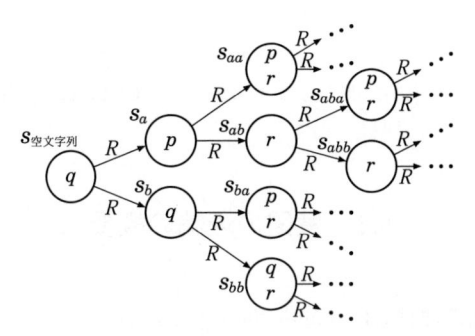

図 5.9 問【1】のクリプキモデル

【2】 問【1】のクリプキモデル M と $s_{空文字列}$ で，CTL の論理式 EF $p \wedge$ EG q は成り立つが，CTL*の状態論理式 E(F $p \wedge$ G q) は成り立たない。このことを示せ。

【3】 CTL*の以下の状態論理式が恒真であるかどうか答えよ。ただし，他の体系と同様，CTL*である状態論理式 ϕ が恒真であるとは，任意の分岐時間クリプキモデル M の任意の状態 s に対し，$M, s \models \phi$ となることと定義する。
(1) A$(p$ U $(q \wedge r)) \supset p$ U q
(2) A(G $p \supset$ AX p)

6 合理的エージェント

前章までで，命題論理，述語論理，そして，様相論理として命題様相論理，命題線形時間様相論理，CTL，CTL*，命題信念様相論理などを学びました．本章ではこれらの応用として，環境に関する信念に基づいて，矛盾した行為を行うことなく合理的に目的を達成する**合理的エージェント** (rational agent) を扱う論理について紹介します．本章で用いるのは，CTL*を，命題論理から述語論理に拡張し，さらに，信念オペレータ，欲求オペレータや意図オペレータを取り入れた **BDI logic** と呼ばれる様相論理です．

そこで，本章ではまず，合理的エージェントに関する哲学的な理論の一つとして，Bratman の意図の理論の概要を紹介します．次に，BDI logic の構文論と意味論について説明します．そして，合理的エージェントの性質や振舞いの具体例を BDI logic を用いて形式的に記述します．最後に，BDI logic を用いた形式的な記述のメリットについて説明します．

6.1 意図の理論の概要

本節では，**意図の理論** (Bratman's theory of intention)[2] に関して重要な概念である意図と計画について説明した後，意図の理論の概要を紹介します．

6.1.1 意　　図

意図 (intention) は，自分自身と他人の「心」や「行為」について理解する概念として使用されます．

例えば，私がゴールデンウイークに沖縄の石垣島に旅行することを（そして心身をリフレッシュすることを）4 月初旬に「意図した」とします．この場合

には，意図は「心身をリフレッシュするためにゴールデンウィークに石垣島に旅行する」という4月初旬からの私の心を特徴付けています．そして，ゴールデンウィークが始まった今朝「意図的に」石垣島への旅行を開始する，また心身をリフレッシュするという「意図でもって」，石垣島の旅行を開始します．この場合には，意図は私の今朝の行為を特徴付けています．こうした特徴付けは，私がするであろう「石垣島に旅行する」ことを前もって述べたり，私が「今，石垣島に向かっている」ことを説明したり，私が同僚と甲子園球場で観戦する計画は石垣島から帰った後とするよう調整するなど，私の日常的な振舞いにおいて重要な役割を果たしています．また，意図には，以下の「未来指向的意図」と「現在指向的意図」の二面性があります．

未来指向的意図　　未来指向的意図 (future-directed intention) は「未来にAすることを意図している」という心の特徴を表す心的状態です．一度，未来にAすることを意図すれば，この未来指向的意図は，今まで構成してきた計画や意図の一部分となります．また，未来指向的意図は典型的な欲求とは異なり，行為する時刻に至るまで常に意識されている必要はありません．例えば，先の例では，石垣島に旅行しようと決めた4月初旬から石垣島に向かうという行為を行うときまで，常に石垣島に向かうことを意識していません．そして，未来指向的意図は実行すべき状況になるとふっと意識にのぼります．

現在指向的意図　　現在指向的意図 (present-directed intention) は，「まさにこれからAしよう」というエージェントの心の特徴を表す心的状態であり，エージェントが多くの事前に形成した未来指向的意図の中から，環境に適応して次の時刻に実行すべきであると熟考（6.3.1項を参照）して，選択した意図です．エージェントは，現在指向的意図を選択したのち，その意図中の計画本体に記述されている基本行為列を順次に実行していきます．その行為は「意図的に行われている」，または「ある意図でもって行われている」と特徴付けられます．

6.1.2　計　　　画

一般的に計画は，現在の状態を未来の望ましい状態（目標）に遷移させるた

めの行為系列，つまり，どのような行為をどのような順序で実行するかを記述したものです。意図の理論では，合理的エージェントは，一挙に行為系列を特定するような方法ではなく，以下のような特徴を持った計画を立案します。

計画は典型的には部分的です。グループで旅行に行こうと決定したとしましょう。われわれは，一挙に旅行計画全体を決定するわけではありません（むしろその能力はありませんし，実世界では予想できないようなことが起こってしまいます）。例えば，図 6.1 のように，「旅行計画」を実現するためには，「目的地に移動」，「目的地の観光」，「自宅に移動」など達成すべき目標はなんであるかを前もって定めることができます。つまり，そのままでは実行することができない部分的な計画を前もって定める能力を持っています。その後，グループで「調整」し，目的地や日程など計画内容を特定して「目的地の観光」に埋め込むことができます。次に，交通機関の時刻表を調べるなど「予備的な手続き」を行い，どの交通機関を「手段」とするかを特定して「目的地に移動」に埋め込みます。このように，われわれは，部分的な計画を前もって定め，調整や問題（未来の予期せぬ事態など）に直面した時に限って，手段や予備的な手続き，または，（副）目標を特定して部分的な計画に埋め込むという実践的推論（6.3.1 項を参照）をすることができます。

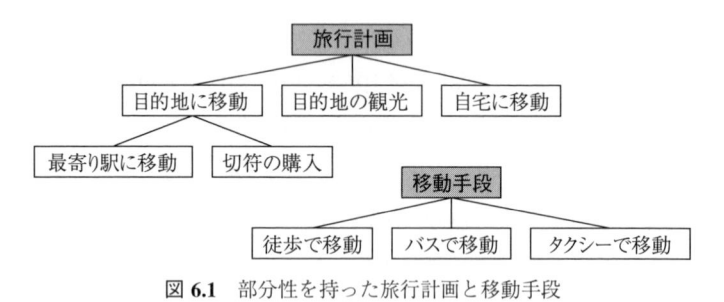

図 6.1 部分性を持った旅行計画と移動手段

6.1.3 意図の理論の概要

Bratman の意図の理論によれば，意図は，合理的エージェントが自らの目的を達成するよう努力している期間の意思決定に重要な役割を担っています。意

図は，その特性として，時が来ればあらかじめ意図したプランを実行するよう動機付けを行う，再考慮に抵抗する，そして，部分的プランを一貫性を持って埋めたり修正する実践的推論（6.3.1 項を参照）を行うなどの意欲的コミットメントを持っています。合理的エージェントは，目的を達成するために，まず，熟考（6.3.1 項を参照）して選択したプランを意図として形成します。その後，コミットメント戦略（6.4 節を参照）の支配の下に，そのプラン（計画）を実施するための実践的な手段やサブプランを推論したり，その時が来ればそれらプランを意図的に実行して，目的を達成しようとします。

概要の詳細は，以下の BDI logic を用いた記述例の前に述べます。

6.2 BDI logic

本節では，Bratman の意図の理論に基づいた合理的エージェントの性質や振舞いを形式的に記述するための様相論理の体系，BDI logic[7] を紹介します。BDI logic は，5.4 節で説明した CTL*を命題論理から述語論理に拡張して，信念，欲求，意図などの**心的状態** (mental state) を表す様相演算子やイベントを表現する論理式などを追加したものです。以下，心的状態を表す様相演算子の定義，CTL*の拡張モデルの定義，イベントに関する論理式の定義などを述べた後，BDI logic の構文論と意味論について説明します。

6.2.1 心的状態の様相演算子

意図の理論では，心的状態として，信念，欲求，意図を対象としています。そこで，BDI logic に，信念，欲求，意図を表す様相演算子を導入します。ただし，信念の様相演算子は，すでに 5.5 節で導入しましたが，心的状態の様相演算子として再導入します。

定義 6.1（心的状態を表す様相演算子）　信念・欲求・意図などの心的状態を

表す様相演算子として，**信念オペレータ** (belief operator) **BEL**, **欲求オペレータ** (desire operator) **DESIRE**, **意図オペレータ** (intend operator) **INTEND** を定義する。これら様相演算子は，到達可能関係（以降，本章では可視関係と呼ぶ）にあるすべての可能世界においてそのパラメータである論理式が成り立っていることを表す必然的様相である。

- BEL(p)：p を信じている（可視関係にあるすべての可能世界において p が成り立つ）
- DESIRE(p)：p を欲求している（可視関係にあるすべての可能世界において p が成り立つ）
- INTEND(p)：p を意図している（可視関係にあるすべての可能世界において p が成り立つ）

6.2.2　CTL*の拡張モデル

合理的エージェントの基本行為列を記述するためには，エージェント外部の環境やエージェント内部の信念・欲求・意図などの心的状態について，それらの時間的な変化を明示的に記述できる必要があります。特に，合理的エージェントが意思決定で使用する計画の表現には，環境変化に適応したイベント列や状態変化を記述するために，時間構造が未来方向に分岐したモデルが必要となります。

図 **6.2** は，BDI logic で使用する時間構造のモデルです。定義 5.15 の分岐時間クリプキモデルをベースとしています。CTL*では，経路 π は状態 s_0, 状態 $s_1, \ldots$ と状態の列としていましたが，BDI logic では，到達可能関係を「次の時刻」と明示しましたので，経路 π は 時刻 t_0, 時刻 $t_1, \ldots$ のように，時刻の列とし，時間構造は時刻を節点（以降では，ノードと呼ぶ）とする木（定義 2.15 を参照。ただし，節点を無限に付け加えてできる木も認めます）とします。

そこで，図のノード（図の ◯）は時刻を表し，枝は到達可能関係「次の時刻」を表します（子ノードは親ノードの「次の時刻」）。時間構造は未来方向（図の

6.2 BDI logic　　　　147

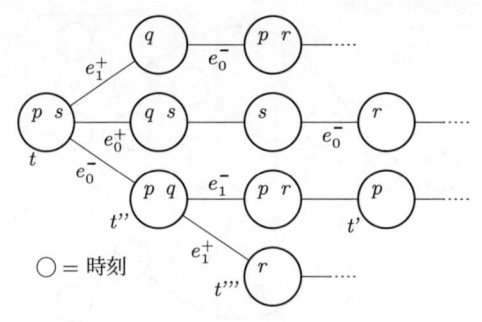

図 6.2　時間構造

右方向が未来）に分岐し無限に伸びる離散構造をしています。

各ノード内に書かれているラベルは，その時刻において成り立つ論理式です。また，枝に付与されている $e_0^\pm, e_1^\pm$ は，分岐時間クリプキモデルからの拡張の一つであり，6.2.4 項にて述べるイベントの成功や失敗を表しています。

BDI logic にて使用する時相オペレータや経路限定子は，すでに 5 章で導入した下記のものです。

- G：経路上の任意の (Globally) 状態で（必然的）
- X：経路上の次 (neXt) の状態で（可能的）
- F：経路上のいつか (Finally) ある状態で（可能的）
- $\phi \mathsf{U} \psi$：経路上のいつかある状態で ψ が成り立つ（可能的）まで (Until)，ϕ が開始状態からずっと成り立つ（必然的）。
- E：現在の状態から始まるある経路で (Exists)（可能的）
- A：現在の状態から始まる任意の経路で (All)（必然的）

6.2.3　心的状態の様相と時相様相の二重構造の世界

BDI logic では，心的状態の様相と時相様相の二種類の様相を扱うため，図 6.2 のように可能世界が二重構造となっています。

図 6.3 で，時間の木一つ（角を丸めた四角一つの中全体）を「世界」と呼びます。世界の中の一つの時刻 t ごとに，世界の間の二項関係 $\mathcal{B}_t$ が存在し，これを可視関係とします。直感的には，ある世界を実際の世界としますと，そこか

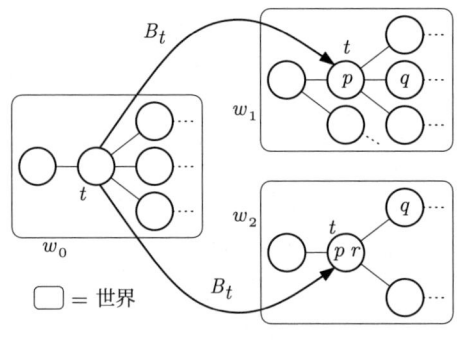

図 6.3 BDI ストラクチャ

ら関係 $\mathcal{B}_t$ で到達可能な世界 (それを本節では「$\mathcal{B}_t$ 可視な世界」と呼ぶことにします) は，エージェントが「可能性がある」と想定している世界となります。

例えば，図 6.3 で，実際の世界が w_0 であるとします。すると，エージェントが「可能性がある」と想定している世界は w_1 および w_2 です。そして，そのどちらでも時刻 t で p が成り立っています。このような場合，そのエージェントは p を信じる，すなわち世界 w_0 の時刻 t で BEL(p) が成り立つと定めます。同様に，w_0 の t では BEL(EXq) も成り立ちます。一方，BEL(r) は成り立ちません。w_1, w_2 のすべてで時刻 t において r が成り立ってはいないためです。

一般的には，(定義 5.22) と同様に，ある世界 w の時刻 t で論理式 BEL(ϕ) が成り立つのは，w から $\mathcal{B}_t$ 可視な世界のいずれにおいても時刻 t で ϕ が成り立つ場合である，と定義されます[†]。

DESIRE, INTEND についても同様に可視関係 $\mathcal{D}_t, \mathcal{I}_t$ を考え，これによってDESIRE(ϕ) や INTEND(ϕ) の真偽を定めます。また，このような世界構造が(定義 6.4) で説明する「**BDI ストラクチャ**」です。ただし，(図 6.3 には示していませんが) 通常は可視関係 $\mathcal{B}_t$ には，命題信念様相論理の体系の (定義 5.23) と同様に以下の三つの制限を入れます。

- 継続的（任意の w, t に対し，ある w' が存在して $w\, \mathcal{B}_t\, w'$）

[†] ただし，このため「w に時刻 t が存在しかつ $w\, \mathcal{B}_t\, w'$ ならば，w' にも時刻 t が存在しなければならない」という制限が課せられます。次の $\mathcal{D}_t, \mathcal{I}_t$ についても同様です。

- 推移的（$w\,\mathcal{B}_t\,w'$ かつ $w'\,\mathcal{B}_t\,w''$ を満たす任意の w, w', w'' と t に対し，$w\,\mathcal{B}_t\,w''$）
- ユークリッド的（$w\,\mathcal{B}_t\,w'$ かつ $w\,\mathcal{B}_t\,w''$ を満たす任意の w, w', w'' と t に対し，$w'\,\mathcal{B}_t\,w''$）

また，可視関係 $\mathcal{D}_t, \mathcal{I}_t$ にも上と同様に，継続的であるという制限を入れます（推移的，ユークリッド的は入れません）。

定理 5.3 と同様に，任意の BDI ストラクチャの，任意の世界の任意の時刻で成り立つような論理式を，恒真な論理式と呼びます。$\phi \vee \neg \phi$, $\mathrm{AX}\,\phi \supset \mathrm{EX}\,\phi$, $\mathrm{BEL}(\phi \supset \psi) \supset (\mathrm{BEL}(\phi) \supset \mathrm{BEL}(\psi))$ などがそうです。

6.2.4 イベントに関する論理式

一般的にイベント (event) とは，エージェントが変化したと認識できる出来事や事柄を指します。例えば，サッカーにおける選手 A から選手 B へのパスを考えます。選手 A のパスが成功した場合に生じるイベントによって，選手 A は，パスが成功裏に実行したと自らの信念を更新します。また，エージェントは，ボールの移動など環境の変化を認識すると，ボールの位置など環境に関する信念を更新します。そこで，本章では，イベントは，エージェントの心的状態を変化させる出来事であり，エージェントの基本行為の実行や環境変化などで発生すると考えます。

また，イベントには，成功と失敗という属性が付与されます。それぞれ，基本行為が成功して発生した場合，基本行為が失敗して発生した場合に付与される属性です。6.2.2 項で述べたように分岐時間の木において，各枝にはある特定のイベントの成功あるいは失敗を割り当てます（環境の変化としてのイベントなどでは，割り当てられない場合があります）。ただし，一つの枝に複数のイベント，あるいは同じイベントの成功と失敗などを，同時に割り当てることはできません。そして，ある時刻 t において，その時刻に入る枝にイベント e の成功（あるいは失敗）が割り当てられているかどうかを表す，下記のような論理式を定義します。

> **定義 6.2**（イベントに関する論理式）　ある時刻 t において，イベントの成功および失敗に関する論理式を下記のように定義する．
>
> - $succeeded(e)$：時刻 t へ伸びる枝に e の成功が割り当てられていれば，時刻 t で成り立ち，直感的には「イベント e の実行に成功した」を表す．
> - $failed(e)$：時刻 t へ伸びる枝に e の失敗が割り当てられていれば，時刻 t で成り立ち，直感的には「イベント e の実行に失敗した」を表す．
> - $done(e)$：$succeeded(e) \vee failed(e)$ の略記であり，直感的には「イベント e の実行に成功した，または失敗した，つまり，イベント e の実行は終了した」を表す．
> - $succeeds(e)$：$\mathrm{AX}\,succeeded(e)$ の略記であり，直感的には「イベント e は，必ず成功する」を表す．
> - $fails(e)$：$\mathrm{AX}\,failed(e)$ の略記であり，直感的には「イベント e は，必ず失敗する」を表す．
> - $does(e)$：$\mathrm{AX}\,done(e)$ の略記であり，直感的には「イベント e は，必ず実行して終了する」を表す．

図 6.2 の例で，枝についている e_0 や e_1 はイベント，その肩の $+, -$ はその成功/失敗を表します．そこでこの例では，時刻 t''' で $succeeded(e_1)$ が，t'' で $does(e_1)$ が成り立っています．

以上の構文要素を持つ BDL logic の論理式の構文論について，以下に説明します．

6.2.5　BDI logic の構文論

BDI logic の時間構造は CTL*のクリプキモデルの拡張ですので，論理式には状態論理式と経路論理式の 2 種類があります．すでに 5.4 節で述べたように，前

者は時刻（状態）において真理値を持つ論理式，後者は，ある時刻から先の時刻の経路について真理値を持つ論理式です。

以下，述語論理の構文に加えて，十分な量のイベント変数記号の集合 E_v とイベント記号の集合 E_c をあらかじめ定めておきます。状態論理式 ϕ と経路論理式 ψ は以下のように相互再帰的に定義します。ただし，ここでは最初から演算子の優先順位を $\supset \prec \mathsf{U} \prec \vee \prec \wedge \prec \{\neg, \mathsf{X}, \mathsf{F}, \mathsf{G}, \mathsf{E}, \mathsf{A}, \mathsf{BEL}, \mathsf{DESIRE}, \mathsf{INTEND}\}$ と定めることで，冗長な括弧を省きます。

定義 6.3（**BDI logic の論理式**）　α を原始論理式，x を（通常の述語論理の）変数記号あるいはイベント変数記号，e をイベント記号あるいはイベント変数記号とするとき，BDI logic の状態論理式を下記の BNF 記法による ϕ で，経路論理式を同 ψ で定義する。

$\phi ::= \alpha \mid \neg\phi \mid \phi \vee \phi \mid \forall x \phi \mid \mathit{succeeded}(e) \mid \mathit{failed}(e) \mid \mathsf{A}\psi \mid$
$\quad\quad \mathsf{BEL}(\phi) \mid \mathsf{DESIRE}(\phi) \mid \mathsf{INTEND}(\phi)$

$\psi ::= \phi \mid \neg\psi \mid \psi \vee \psi \mid \forall x \psi \mid \mathsf{X}\psi \mid \psi \mathsf{U} \psi$

これらに加えて，$\phi \wedge \phi'$, $\phi \supset \phi'$, true を，それぞれ $\neg(\neg\phi \vee \neg\phi')$, $\neg\phi \vee \phi'$, $p \vee \neg p$ の略記，$\mathsf{E}\psi, \mathsf{F}\psi, \mathsf{G}\psi$ を，それぞれ $\neg\mathsf{A}\neg\psi$, $\mathit{true}\, \mathsf{U}\, \psi$, $\neg\mathsf{F}\neg\psi$ の略記として導入します。

6.2.6　BDI logic の意味論

本節では，BDI logic の意味論について説明します。まず，CTL*のクリプキモデルを拡張した BDI logic のクリプキモデルを BDI ストラクチャと呼びます。下記に BDI ストラクチャ M を定義します。

定義 6.4（**BDI ストラクチャ M**）

$M = (W, S, T_w, \mathit{Dom}, V, e_w, \mathcal{B}_t, \mathcal{D}_t, \mathcal{I}_t)$

を下記のように定義する。

- W は可能世界の集合である。ただし，空集合でない。
- S は状態（時刻）の集合である。ただし，空集合でない。
- T_w は，各 $w \in W$ に対して，S の要素をノードとする無限木である。ただし，どの経路も無限に伸びている。
- Dom は，対象領域である。
- V は，任意の可能世界における任意の状態の下での述語論理の基礎項と基礎式の解釈である。すなわち，述語論理の基礎項の集合 $\mathbb{G}_{term}$ と基礎式の集合 $\mathbb{G}_{atom}$ に対して，それぞれ，写像 $V: W \times S \times \mathbb{G}_{term} \to Dom$，または写像 $V: W \times S \times \mathbb{G}_{atom} \to \mathbb{B}$ である。
- 各 $w \in W$ に対し，T_w の枝の集合から $(E_c \times \{+, -\}) \cup \{\emptyset\}$ への関数 e_w （ただし，同じノードから出る二つの枝 b, b' であって $e_w(b) = e_w(b') \neq \emptyset$ を満たすものが存在しないこと）
- 各 $t \in S$ に対し，$W \times W$ 上の継続的な二項関係 $\mathcal{B}_t, \mathcal{D}_t, \mathcal{I}_t$ で，以下の条件を満たすもの
    - $\langle w, w' \rangle \in \mathcal{B}_t$ かつ $t \in T_w$ ならば $t \in T_{w'}$（$\mathcal{D}_t, \mathcal{I}_t$ についても同様）
    - $\mathcal{B}_t$ は推移的かつユークリッド的でもある

論理式の解釈　w, t, π を，それぞれ，BDIストラクチャ M 上の可能世界，時刻（状態），経路とします。経路 π を，時刻 t_0 を開始時刻とする経路 $t_0, t_1, t_2, \ldots, t_k, \ldots$ とするとき，経路 π^k を時刻 t_k を開始時刻とする π の部分経路 $t_k, t_{k+1}, t_{k;2} \ldots$ とします。このとき，M 上の可能世界 w の時刻 t において状態論理式 ϕ が成り立つことを

$$\langle M, w, t \rangle \models \phi$$

と表し，また，M 上の可能世界 w の経路 π について経路論理式 ψ が成り立つことを

$$\langle M, w, \pi \rangle \models \psi$$

と表します．$\langle M, w, t \rangle \models \phi$, ないしは $\langle M, w, \pi \rangle \models \psi$ であるか否かを，以下のように定義します．

定義 6.5（**BDI logic の論理式の解釈**）　　BDI logic の論理式 ϕ に対し，$\langle M, w, t \rangle \models \phi$, ないしは $\langle M, w, \pi \rangle \models \psi$ であるか否かを，以下のように定義する．

- 状態論理式に対して
    - ϕ が基礎式ならば，$\langle M, w, t \rangle \models \phi$ **iff** $V(w, t, \phi) = \top$
    - $\neg \phi, \phi \vee \phi', \forall x \phi$ の形の状態論理式については述語論理と同様（定義 3.17 を参照）
    - e がイベント記号であるならば，時刻 t の親から t への枝を b とするとき $\langle M, w, t \rangle \models \mathit{succeeded}(e)$ **iff** $e_w(b) = (e, +)$。同様に，$\langle M, w, t \rangle \models \mathit{failed}(e)$ **iff** $e_w(b) = (e, -)$。
    - $\langle M, w, t \rangle \models \mathsf{BEL}(\phi)$ **iff** $w \, \mathcal{B}_t \, w'$ なる任意の w' についても $\langle M, w', t \rangle \models \phi$（DESIRE($\phi$), INTEND($\phi$) についても同様）
    - $\langle M, w, t \rangle \models \mathsf{A}\psi$ **iff** t を開始時刻とする w 内の任意の経路 π に対して $\langle M, w, \pi \rangle \models \psi$
- 経路論理式に対して
    - ψ が状態論理式でもあるならば，$\langle M, w, \pi \rangle \models \psi$ **iff** π の開始時刻 t_0 に対して $\langle M, w, t_0 \rangle \models \psi$
    - $\langle M, w, \pi \rangle \models \psi \vee \psi'$ **iff** $\langle M, w, \pi \rangle \models \psi$ または $\langle M, w, \pi \rangle \models \psi'$（$\neg \psi, \forall x \psi$ についても同様）
    - $\langle M, w, \pi \rangle \models \mathsf{X}\psi$ **iff** $\langle M, w, \pi^1 \rangle \models \psi$
    - $\langle M, w, \pi \rangle \models \psi \, \mathsf{U} \, \psi'$ **iff** ある k が存在して $\langle M, w, \pi^k \rangle \models \psi'$ が成り立ち，かつ任意の i に対して $0 \leq i < k$ ならば $\langle M, w, \pi^i \rangle \models \psi$ が成り立つ

> ただし，3章に合わせて，述語論理の論理式の意味論は閉論理式に対してのみ考えるものとする。

6.3 合理的エージェントの振舞い

　意図の理論では，合理的エージェントは，目的を達成する手段であると信じている計画（信念）に基づき意図を形成し，その意図をコミットメント戦略に従って実行することで目的を達成しようとします。本節では，**実践的推論** (practical reasoning) と意図の実行について事例を用いて説明し，それぞれの振舞いを BDI logic を用いて記述します[15),16)]。

6.3.1 実践的推論

　われわれは，目的を達成するためには，まず，どのような**様態** (state of affairs) を達成すべきであるかを決定し，次に，その様態をどのような手段を用いて達成するかを決定して実行すべき意図を形成します。前者を熟考，後者を目的‒手段推論と呼び，これら二つを実践的推論と呼びます。

　熟　考　　熟考 (deliberation) において達成すべき様態が競合した場合は，それら個々の選択肢に対する欲求と信念とを十分に考慮したのち，まず，選択した様態を実現したいという**欲求** (desire)（複数可）を形成します。そして，それら欲求の中からある一つを実現するという意図を形成します。また，熟考は，これから行うべき行為を決定するために，未来指向的意図の中から，どの未来指向的意図を現在指向的意図として選択するのが合理的かを決定します。

　目的‒手段推論　　目的‒手段推論 (means-ends reasoning) は，部分的な計画や意図から手段や予備的手続き，あるいは，より特定された行為の進行にかかわる計画や意図へと推論することです。目的‒手段推論においては，ある手段が意図された目的には不可欠であるという場合と，どれもが目的には十分ではあるが不可欠ではない場合，つまり，手段が競合する場合があります。

6.3.2 実践的推論の事例

まる子ちゃんは，学校から走って帰ってきたので，喉の渇きを覚え，喉の渇きを癒したいと思いました[†]。まる子ちゃんは，「喉の渇きを癒す」ための，**表 6.1** および**表 6.2** のようなプラン（計画）を持っています。まる子ちゃんは，このプランを用いてどのような振舞いをして喉の渇きを癒すのか，実践的推論に従って分析し，その振舞いを，BDI logic の論理式で記述してみましょう。

表 6.1 渇きを癒すためのプラン（e_1, e_2, e_3 については p.156 参照）

プラン名	ソーダで癒す	紅茶で癒す	水で癒す
トリガイベント	d - add(DESIRE(AF 癒される (渇き)))	同左	同左
意図形成条件	DESIRE(AF $done(e_1)$)	DESIRE(AF $done(e_2)$)	DESIRE(AF $done(e_3)$)
実行前提条件	EF (所有 (ソーダ))	EF (所有 (ティーカップ))	EF (所有 (コップ))
Add List	{BEL(癒される (渇き))}	{BEL(癒される (渇き))}	{BEL(癒される (渇き))}
プラン本体 (斜字: 基本行為)	所有 (ソーダ) →ソーダを飲む	完成 (紅茶) →紅茶を飲む	水道の蛇口を開ける →水を飲む

表 6.2 渇きを癒すためのプラン（続き）

プラン名	ソーダを得る1	ソーダを得る2
トリガイベント	なし	なし
意図形成条件	INTEND(AF 所有 (ソーダ))	同左
実行前提条件	無条件	無条件
Add List	{BEL(所有 (ソーダ))}	{BEL(所有 (ソーダ))}
プラン本体 (斜字: 基本行為)	冷蔵庫 1 を開ける →ソーダを取り出す	冷蔵庫 2 を開ける →ソーダを取り出す

プランの内容 まず，表 6.1 のプランの項目を説明します。プラン名には「ソーダで癒す」「紅茶で癒す」「水で癒す」などのプランの種類が，トリガイベントには各プランが（エージェントの意図的な行為としてでなく）選択されるきっかけとなるイベントの種類が，意図形成条件には各プランを意図として形成する条件が，実行前提条件には各プラン本体の基本行為を実行する前提条件が，Add list には各プランが成功裏に終了したときに信念に加える事柄で，多くは「渇きが癒される」など各プランの目標が，そして，プラン本体には各プランの目標を達成するための手段（基本行為やサブゴールの列）が書かれています。

[†] Singh などの例題[9] を一部変更して使用しています。もちろん，参考文献では，まる子ちゃんは主人公ではありません。

また，トリガイベント中のd‑add(...)は，エージェントの内部イベントとして欲求に加わった事柄を表す関数であり，d‑add(DESIRE(AF癒される(渇き)))は，必ず渇きを癒したいという欲求がエージェント内部で生じることを表しています．

熟考の振舞い　まる子ちゃんは，渇きを癒したいという欲求が内部に発生すると，この欲求を達成したいという目的を持ちます．そして，この目的を達成するために，プランの検索を開始し，トリガイベントにd‑add(DESIRE(AF癒される(渇き)))が，Add List に目的の達成状態（目標）である「BEL(癒される(渇き))」が，書かれているプランを探して，「ソーダで癒す」「紅茶で癒す」「水で癒す」を見つけました．そして，なんらかの方法で，この中から達成すべき様態を決定し，その様態を内容とした欲求を形成します．「ソーダを飲む」「紅茶を飲む」「水を飲む」という基本行為の実行イベントを，それぞれを e_1, e_2, e_3 と書くと，欲求は，それぞれ DESIRE(AF $done(e_i)$) ($i = 1, 2, 3$) と書けます．まる子ちゃんは，この中ではソーダが一番好きなので，DESIRE(AF $done(e_1)$) を形成します[†]．

目的‒手段推論の振舞い　さて，まる子ちゃんの実現すべき欲求が決まれば，この欲求を実現するという目的を持ちます．そして，この目的を達成することが可能なプランを目的‒手段推論します．それには，「ソーダで癒す」というプラン（この表では一つしかないですが，一般的には複数のプランがあります）で意図形成条件が満たされ，かつ実行前提条件が将来達成できる可能性があると信じるものを検索します．複数あればなんらかの方法で一つに決めて，決定したプランを未来に実行しようという未来指向的意図として意図を形成します．まる子ちゃんは，意図形成条件 DESIRE(AF $done(e_1)$) は，まる子ちゃんが実際に形成した欲求であり，実行前提条件である「EF所有（ソーダ）」は容易な条件だと信じたので，「ソーダで癒す」というプランを未指向的意図として意図を形成しました．

[†] まる子ちゃんは欲張りですので，実は，ソーダも紅茶も両方飲みたいという欲求が生じているかもしれませんが，話を簡単にするために一つにしています．

6.3.3　実践的推論に関する BDI logic を用いた記述例

以上のまる子ちゃんの実践的推論は，BDI logic の論理式を用いて，下記のように記述することができます．

DESIRE(AF 癒される (渇き)) ⊃

(DESIRE(AF $done(e_1)$) ∧ (BEL(EF 所有 (a_1)) ⊃ INTEND(AF $done(e_1)$)))) ∨

(DESIRE(AF $done(e_2)$) ∧ (BEL(EF 所有 (a_2)) ⊃ INTEND(AF $done(e_2)$)))) ∨

(DESIRE(AF $done(e_3)$) ∧ (BEL(EF 所有 (a_1)) ⊃ INTEND(AF $done(e_3)$))))

ただし，a_1, a_2 は，それぞれ「コップ」「ティーカップ」を表す基礎項です．

6.3.4　意 図 の 実 行

まる子ちゃんは，この未来指向的意図を，6.4 節で述べるコミットメント戦略に従って保持し，当初の目的を達成しようとします．

意図の実行の振舞い　　まる子ちゃんは，プラン「ソーダで癒す」を未来指向的意図として形成しました[†1]．まる子ちゃんを取り巻く環境にてその実行前提条件が成り立ったと信じると，それは現在指向的意図の候補となり，そして実際に現在指向的意図として選んで，その意図の実行を開始します．実行の過程では，プラン本体の各基本行為を順次，現在指向的意図として選んで実行していきます．すなわち，その行為が ①サブゴール（所有（ソーダ））であればそれを達成しようとする[†2]（目的−手段推論），②基本行為（ソーダを飲む）ならば以下に記述する現在指向的意図の性質によって直接実行—のように行っていき，すべてのプラン本体が達成されれば信念に Add List の項目を加えて（目標が達成されたと）信じます．

現在指向的意図の実行とは「エージェントがイベント e を実行しようと意図したならば，その時刻から次の時刻までにそのイベント e を実際に実行する」こと

[†1]　このとき，プラン本体の各行為も未来指向的意図となります．
[†2]　ここには記述していませんが，サブゴールの達成には以上述べたような過程を再帰的に行います．すなわち，それを達成するサブプランを一つ選び未来指向的意図とし，その実行前提条件が満たされ現在指向的意図として選ばれれば本体を実行開始します．

であり，INTEND(does(e)) ⊃ does(e) と記述できます。そして，このイベントの認識として，「エージェントがイベント e の実行を終えた直後の時刻では，イベント e を実行したという信念を持つ」ことであり，done(e) ⊃ BEL(done(e)) と記述できます[7]。

6.3.5　意図の実行に関する BDI logic を用いた記述例

この過程は，BDI logic の論理式を用いて，次のように表現できます。

INTEND(AF done(ソーダを飲む)) ⊃ AG(BEL(所有 (コップ)) ⊃
　AF INTEND(done(ソーダを飲む)))

INTEND(done(ソーダを飲む)) ⊃ INTEND(所有 (ソーダ)) ∧
　AG(BEL(所有 (ソーダ)) ⊃ INTEND(does(ソーダを飲む)) ∧
　AX(BEL(succeeded(ソーダを飲む)) ⊃ BEL(癒される (渇き))))

6.4　コミットメント戦略の振舞い

本節では，Rao など[7] が提案した，意図の持続と破棄に関する「コミットメント戦略」について紹介し，この戦略を BDI logic の論理式を用いて記述します。

6.4.1　コミットメント戦略

Rao などは，以下の 3 種類のコミットメント戦略を定義しています。

定義 6.6（コミットメント戦略）

1. Blind（盲目的）：エージェントは，意図はすでに実現されていると信じるまで，その意図を持続する。
2. Single-minded（一意専心）：意図はすでに実現されていると信じるか，もしくは，その意図の実現が可能であると信じなくなるまで，その意図を持続する。

3. Open-minded（心の広い）： その意図を形成した欲求を実現するという状況でなくなるまで，意図を持続する。つまり，その意図はすでに実現されたと信じるか，その欲求を取り下げるまで，その意図を持続する。

6.4.2 BDI logic を用いた記述例

これら戦略は，エージェントが意図を破棄する時刻を信念と欲求の可能的様相で表現し，それまでは意図の持続を必然的様相で表現することで，以下のように記述できます。

1. INTEND(AF ϕ) $\supset$ A(INTEND(AF ϕ) U BEL(ϕ))
2. INTEND(AF ϕ) $\supset$ A(INTEND(AF ϕ) U (BEL(ϕ) $\vee$ $\neg$ BEL(EF ϕ)))
3. INTEND(AF ϕ) $\supset$ A(INTEND(AF ϕ) U (BEL(ϕ) $\vee$ $\neg$ DESIRE(EF ϕ)))

6.4.3 意図の実行例

まる子ちゃんは，プリンが大好きです。まる子ちゃんのプリンを食べる事例で，それぞれの戦略の振舞いを説明します。そこで，ϕ を「まる子ちゃんがプリンを食べる」を表す原子論理式とします。まる子ちゃんは，プリンが大好きなので，今日も「プリンが食べたい」という欲求が生じ，手に入れる手段（プラン）は今日も有効だと信じているので「プリンを食べる」という未来指向的意図を形成します。

盲目的　まる子ちゃんは，とにかくプリンを食べるまでは，いつまでもプリンを食べようとして諦めません。まる子ちゃんらしいコミット戦略です。

一意専心　Single–minded コミットメントは，日頃の生活で，よく使われています。まる子ちゃんは，実際に「プリンを食べた」（目的を達成した）と信じるか，または，お家の冷蔵庫の中にもなく近くのコンビニでもケーキ屋さんでも売り切れで「プリンを手に入れる手段がある」と信じられなくなった場合は，その意図を破棄してしまいます（目から大きな涙が‥‥）。

心の広い　　まる子ちゃんはハンバーグも大好きです。お母さんから，今晩のおかずはハンバーグと聞いた瞬間，プリンは食べないでおこうと思い，「プリンを食べたい」という欲求を取り下げてしまいました。

6.5　心的状態の整合性とモデルの制限

ここまでの範囲では，意図をはじめとした心的状態の相互間に要請される性質を捉えることはできていません。BDI ストラクチャにいくつかの制限を入れ，その制限を満たすストラクチャのみでの恒真性を考えることにより，心的状態に関して自然であると思われる性質や，合理的エージェントが満たすべきであると思われる性質を，BDI logic の恒真論理式として捉えることができるようになります。

6.5.1　強い現実主義

Rao らの同文献では，合理的エージェントの振舞いには，**強い現実主義** (strong realism) と呼ばれる以下の性質が要請されるとしています。

$$\text{DESIRE}(\alpha) \supset \text{BEL}(\alpha) \tag{6.1}$$

$$\text{INTEND}(\alpha) \supset \text{BEL}(\alpha) \tag{6.2}$$

$$\text{INTEND}(\alpha) \supset \text{DESIRE}(\alpha) \tag{6.3}$$

ただし，α が O–formula の場合に限ります。O-formula とは，直感的には「あることがいずれかの未来で成り立つ」(*Optionally*) を表す論理式です。

例えば，INTEND(EF ϕ) ⊃ BEL(EF ϕ) は式 (6.2) の一つの具体例です。これは「エージェントが，いずれかの未来でいつか ϕ が成り立つことを意図しているなら，そのエージェントは，いずれかの未来でいつか ϕ が成り立つという信念を持っている」を意味します。すなわち，合理的エージェントは「いずれかの未来で成り立つことが可能だと信じていないことを，未来に達成しようと意図する」ということはない，との要請を表しています。

6.5 心的状態の整合性とモデルの制限

式 (6.2) は，BDI ストラクチャに「$w\, \mathcal{B}_t\, w'$ ならば，w' のある subworld w'' が存在して $w\, \mathcal{I}_t\, w''$」という制限を入れれば恒真となります．ここで，w' の subworld とは，直感的には，w' での時間の流れの一部だけを取り出してできる世界です (例えば図 6.4 の i_1 は b_1 の subworld)．

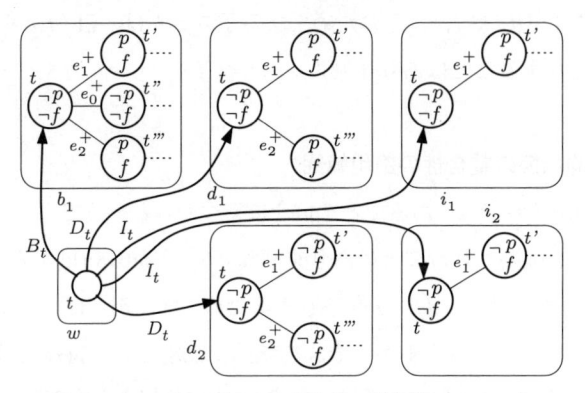

図 6.4　subworld による心的状態の整合性のモデル化

ほかの二つの式も，同様の制限を入れることで恒真となります．これらの制限を入れた BDI ストラクチャの例が図 6.4 です (可視関係については，簡単のため w からのものしか示していません)．w から $\mathcal{B}_t$ 可視な世界 b_1 に対し，w から $\mathcal{D}_t$ 可視な b_1 の subworld d_1 があり，さらに d_1 に対し，w から $\mathcal{I}_t$ 可視な d_1 の subworld i_1 があります．

6.5.2　虫歯治療の事例

まる子ちゃんの再登場です．まる子ちゃんは甘〜いプリンを毎日食べ過ぎて虫歯になってしまい，ずきずきして痛いので歯医者に行って詰め物をして貰おうと思っています．

今，図中の f を「歯医者に行って虫歯に詰め物をしてもらう」，p を「痛む」とし，イベント e_1 を「歯医者その 1 へ行く」，e_2 を「歯医者その 2 へ行く」，e_0 を「虫歯を放って遊びに出かける」とします (この例は Rao など[7]) によります)．

まる子ちゃんは，AG($f \supset p$) という信念（詰め物をしてもらうと痛いのは避けられない）を持っています（b_1）．したがって，$\mathcal{I}_t$ や $\mathcal{D}_t$ で見える世界の中には一つ以上，その信念に反する EF($f \land \neg p$)（詰め物をしてもらってしかも痛くない状況になんとかして至る）が成り立たない（b_1 の subworld であるため）ものがあります（d_1 や i_1）．そのため，まる子ちゃんは，EF($f \land \neg p$) を意図したり欲求したりすることはありません．

6.5.3 心的状態の整合性の適用範囲

一方，このモデルでは，あることを信念に持つからといって，それを意図や欲求に持つことを強要されることはありません．b_1 の subworld でない $\mathcal{I}_t$ 可視世界（i_2）や $\mathcal{D}_t$ 可視世界（d_2）が存在しうるためです．例えば，まる子ちゃんは AF($f \supset p$) を信念に持ちますが，それを意図や欲求として持ってはいません．

また，まる子ちゃんが持つ意図ないし欲求の副作用を，意図ないし欲求として持つことを強要されることもありません．すなわち，いつか ϕ を達成することを意図または欲求として持っており，常に $\phi \supset \psi$ が成り立つという信念を持つとしても，いつか ψ を達成するという意図または欲求を持つとは限りません．例えば，まる子ちゃんは EFf を意図および欲求として持ちますが，信念 AG($f \supset p$) を持つからといって，EFp が意図および欲求に加わることはありません．b_1 の subworld である i_1 や d_1 では，t で AG($f \supset p$) が成り立つため，t で EFf が成り立てば必ず EFp も成り立つのですが，b_1 の subworld でない世界では，そうなるとは限らないからです．

なお，このモデルは，まる子ちゃんが信念と整合する欲求（目標）を持ち，そのうちの特定の未来の状況の達成を意図として形成する過程の説明としても見ることができます．図6.4では，まる子ちゃんは，信じている時間の流れ（b_1）のうち一部を選んでその達成を欲求し，さらにその中から特定の流れを選ぶイベントの実行を意図として形成して（i_1），その結果イベント e_1 を実行することになります．

6.6 形式化のメリット

　本章では，BDI logic という論理体系と，これによる合理的エージェントの形式的な記述について紹介しました。

　言葉（自然言語）のみで議論する場合と比べ，論理体系による形式的な記述を用いると，言葉による曖昧さを排除することが容易になります。例えば「明日 ϕ だと信じる」は，AX BEL(ϕ) と BEL(AXϕ) のどちらにも取れます[†]が，論理式で書けば両者が紛れることはなく，しかも，それがどのような意味か BDI ストラクチャ上で厳密に定義できます。また，6.3.4 項の意図の実行過程などは，言葉だけの記述よりは，6.3.5 項のような論理式で記述すると，全体の見通しがよくなります。さらに，実行過程の内容や場合分けや実行順序に紛れがなくなるまで，正確に実行過程を定義することができますので，グループでの議論やシステムの実装に役立ちます。

　また，論理式で形式的に定義された性質に対しては，プログラムによって機械的な処理が可能な利点もあります。例としては「モデル検査」といって，ある具体的に与えられた状態遷移が，論理式で書かれた特定の要件を実際に満たすかどうか，機械的に検証する手法があります（例えば，CTL*に対するモデル検査手法はよく知られており，また BDI logic に対するそれも研究事例があります[21],[22]）。また，BDI logic に対する証明手続きの研究例もあります[23]。

　こうしたことから，合理的エージェントの振舞いを形式的に記述することは，その実現に向けての大きな力となるのです。

[†] もちろん，この場合注意深く言葉を選べば曖昧さを排除することも可能ですが，それには非常に神経を使います。

7 Prolog

　数理論理学の数々の定理や定義は，人工的な推論機構を理解するうえで非常に重要な学習内容なのですが，教科書とノートだけの学習では授業についていくのがたいへんですよね．そこで本章では，実際に皆さんのパソコンで自動的に推論を行う Prolog プログラムを動かすことで論理型言語の楽しさを体験し，導出原理など数々の定義や定理に対する学習意欲向上をはかりましょう．

　Prolog は述語論理を基礎としたプログラミング言語で，1970 年代にマルセイユ大学（フランス）のカルメラウアらのグループの下で誕生しました．さらに，エジンバラ大学（イギリス）のコワルスキらのグループが汎用計算機上で動作する処理系を構築したことで，広く使われるようになりました．

　日本では 1980 年代に Prolog を基礎とする並列論理型言語[4]を用いた国家規模のプロジェクトである第五世代コンピュータプロジェクトが発足し[10]，Prolog は専門家だけでなく計算機科学を勉強していた多くの学生の間でも一大ブームを巻き起こしました．当時，日本でも沢山の処理系が発表，発売されましたが，高価であったり動作する計算機が特殊であったりしたため，なかなか広範囲な普及には至りませんでした．

　しかし，現在では皆さんが普段使っている Windows や MacOS，Linux などで動作する Free の処理系がいくつか公開されているため，とても簡単に Prolog プログラミングを楽しむことができます．本章では，Free の処理系としてはおそらく世界で最も普及している SWI–Prolog を教材にして，Prolog プログラミングの世界を紹介します．

7.1　Prolog の処理系 SWI–Prolog

　SWI–Prolog は，そのホームページ[†]において GNU Public License の下に公

[†] `http://www.swi-prolog.org`

開されており，Windows 版，MacOS 版，Linux 版が利用可能です．このホームページはすべて英語で記述されていますが，とりあえずは必要なパッケージがダウンロードできればよいので，英語が苦手だからと躊躇する必要はまったくありません．

7.1.1 SWI–Prolog の入手方法

まず，SWI–Prolog のホームページの左上にある "Download" というタブにマウスポインタを合せて現れるメニューから，"SWI-Prolog" を選んで "SWI-Prolog downloads" ページに進んでください．

Windows および MacOS 版の入手先　　Windows または MacOS を使用している方は，"SWI-Prolog downloads" ページの中にある "Available versions" という項目にある "Stable release" というリンクをクリックして "Download SWI-Prolog stable versions" というページに進んでください．

Linux 版の配布元　　Linux 版も Windows および MacOS 版と同じ入手先からソースコードが入手できますが，初心者はソースからのインストール作業は困難ですので，Linux の各ディストリビューション（Debian，Red Hat，SuSE など）が用意している専用のパッケージを利用したほうがよいでしょう．Windows 版や MacOS 版と違い最新バージョンではないのですが，OS のパッケージ管理コマンドで簡単にダウンロードとインストールが一度に行われます．管理コマンド実行方法の概略を 7.1.2 項に示します．

7.1.2 SWI–Prolog のインストール方法

Windows 版　　"Download SWI–Prolog stable versions" ページに記載されている表の中の "SWI-Prolog 7.4.2 for Microsoft Windows (32 bit)" というリンクをクリックすると，swipl-w32-742.exe というファイルがダウンロードできます[†]．64bit 版の OS を使っている人は "SWI-Prolog 7.4.2 for Microsoft Windows (64 bit)"

[†] 7.4.2 や 742 という数字はバージョン番号です．2017 年 8 月現在，最新版は 7.4.2 ですが，将来はより大きい数字に変わっていると思いますので，適宜読み替えてください．

を選択すると swipl-w64-742.exe というファイルがダウンロードできます。

ダウンロード終了後にこれらのファイルをダブルクリックするとインストールが始まります。インストールは通常通り OK を表す "I agree" または次へを表す "next" をそのままクリックしていけば完了するのですが，途中 1 か所だけ注意が必要です。

図 **7.1** に示す Prolog プログラムの拡張子を選択するダイアログで拡張子の初期値が pl になっていますが，pl という拡張子は Perl と呼ばれるスクリプト言語のプログラムファイルにつけられるほうが一般的になってしまっています。本書では Prolog のプログラムファイルの拡張子は pl で統一しますが，Prolog と Perl の拡張子を区別したい場合は，図 7.1 に示すダイアログ内の▼マークをクリックして pro に変更することで，Prolog プログラムの拡張子を pro にすることができます。以上が注意事項です。

インストール作業が終了して最後に現れるダイアログの finished ボタンをクリックすれば完了です。このとき Readme を表示するか聞いてきます。表示すると SWI–Prolog の英語のマニュアルが表示されます。

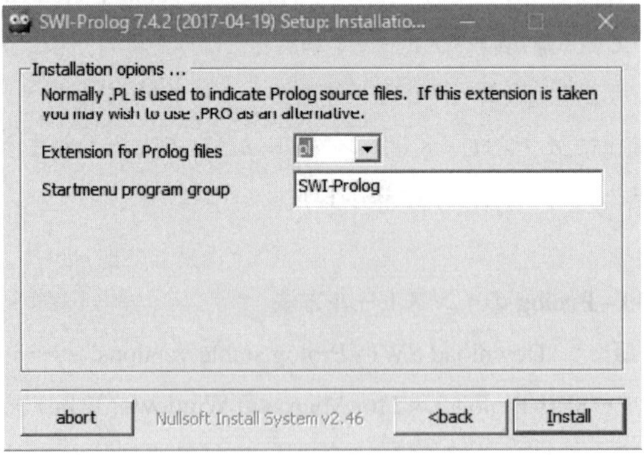

図 **7.1** 拡張子の選択

MacOS 版　"Download SWI-Prolog stable versions" ページに記載されている表の中の "SWI-Prolog 7.4.2 for MacOSX 10.6 (Snow Leopard) and later on intel" というリンクをクリックすると，SWI-Prolog-7.4.2.dmg というファイルがダウンロードできます。ダウンロード終了後にこのファイルをダブルクリックするとインストールが始まり，図 7.2 に示すような窓が開きます。この中にあるフクロウのアイコン（SWI–Prolog）を Applications フォルダにドラッグすればインストール完了です。ただし，Windows 版のインストーラーと違い，対応する拡張子を pl から pro に変更する機能はないようです。

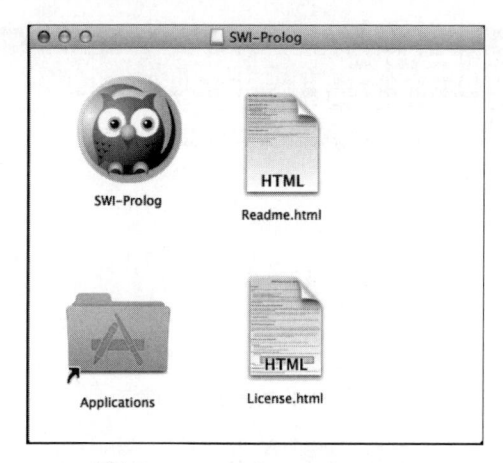

図 **7.2** MacOS 上の SWI–Prolog

Linux 版　　Linux を利用している方は，各ディストリビューションのパッケージ管理コマンド（yum や apt–get）を利用して，ほかのパッケージをインストールするのと同じ方法でインストールできます。例えば，Debian では下記のコマンドでインストールできます。

　　% sudo apt-get install swi-prolog

インストール方法の詳しい説明や Red Hat でのインストール方法については"SWI-Prolog downloads" ページの "Linux packages and building on Linux" というリンクからたどれる "SWI-Prolog on Linux distributions" というページを参照してください。

7.1.3 専用フォルダの準備と SWI–Prolog の起動方法

Windows 版では GUI による操作方法，MacOS 版と Linux 版ではターミナルによる操作方法を示します．どの場合でも Prolog プログラミング専用のフォルダを先に作っておきます．

Windows 版　　マウスで，スタート→すべてのプログラム→ SWI–Prolog → Prolog とたどると図 **7.3** に示すような窓が開きます．

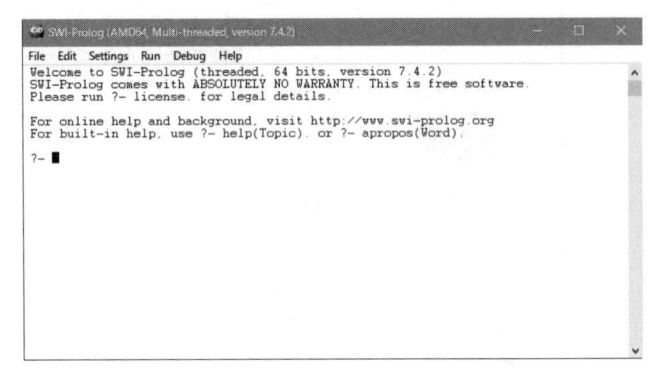

図 **7.3**　SWI–Prolog の操作画面

この窓に表示されている「?-」という記号は，現段階では SWI–Prolog のプロンプトだと思ってください．このプロンプトの右側に halt. と打ち，リターンすると終了します[†]．

ただし，この方法では起動後のファイル操作がやや面倒になるので，SWI–Prolog インストールの際に選択した拡張子（pl または pro）の付いたファイルをダブルクリックして SWI–Prolog を起動するようにしてください．ファイルの作成については後ほど 7.2.1 項で説明するので，その準備としてドキュメントフォルダに Prolog というフォルダを作成しておいてください．本書では，このフォルダを Prolog のホームフォルダと呼ぶことにします．

MacOS 版，Linux 版共通　　MacOS 版ではアプリケーション内にある SWI–Prolog（フクロウのアイコン）を起動できますが，起動後のファイル操作がや

[†]　本書では Enter キーを押すことを「リターンする」と表記します．

や面倒になるので，本書では MacOS，Linux ともにターミナルからの起動方法で説明を統一します。

準備として，適当なフォルダ（例えば Documents やドキュメントフォルダ，ホームフォルダなど）に Prolog フォルダを作ってください。本書ではこのフォルダを Prolog のホームフォルダと呼ぶことにします。ターミナルを開いて Prolog のホームフォルダに cd（チェンジディレクトリ）し，pl または swipl コマンドを実行すると SWI–Prolog が起動し，ターミナルが図 7.3 に示した Windows 版のものと同じような表示に変わります。「?-」記号は現段階では SWI–Prolog のプロンプトだと思ってください。このプロンプトの右側に halt. と打ち，リターンすると終了します。

7.2 簡単なプログラムによる Prolog プログラミング

準備が整ったところで，SWI–Prolog と簡単なプログラムを使って Prolog プログラミングの学習に入りましょう。

7.2.1 Prolog プログラム

7.1.3 項で作成した Prolog のホームフォルダに，**プログラム 7.1** に示す Prolog プログラムを sakurake.pl というファイル名のテキストファイルとして作成してください。左端の行番号は説明用の記述なので，皆さんは打ち込まないでください。ファイルの作成には「メモ帳」でも「emacs」でも，皆さんが使い慣れたテキストエディタを使用してください。ただし，拡張子が必ず pl または pro となるようにしてください[†]。

─────────── プログラム 7.1 ───────────

```
1  parent(hiroshi, maruko).
```

───────────────────────────

[†] Windows でテキストファイルとして作成すると，自動的に拡張子が txt となってしまうことがあり，そのファイルをダブルクリックしても SWI-Prolog を起動できません。その場合はフォルダの設定で拡張子を表示するようにし，拡張子 txt を pl または pro に変更してください。

```
2  parent(sumire, maruko).
3  male(hiroshi).
4  female(sumire).
5  female(maruko).
```

プログラム 7.1 は 5 行しかありませんが，図 3.1 (p. 46) に示したちびまる子ちゃん一家の親子関係の一部を表現したものです。これだけで親子関係に関する問い合わせ，例えば「maruko の親は誰ですか」といった質問に答えられるプログラムになっています。parent, male, female は述語記号，hiroshi, maruko, sumire は項と呼ばれる構文要素です。述語記号と項から構成される parent(hiroshi, maruko) は原子論理式と呼ばれます。原子論理式は「もの」と「もの」の関係や「もの」の性質を形式的に表すものであり，Prolog プログラムの中心的な構成要素となります[†]。例えば parent(hiroshi, maruko) という原子論理式は，hiroshi が maruko の parent であるという hiroshi と maruko の関係を表しています。また，female(maruko) は maruko が female であるという maruko の持つ性質を表しています。

プログラムの各行は**確定節** (definit clause)（あるいは単に節）と呼ばれます。プログラム 7.1 の場合，各行は hiroshi や maruko についての事実を表現したものであることから**事実** (fact) または**事実節**とも呼ばれます。このような事実節からなるプログラムは，一種のデータベースとして利用されます。確定節と事実節については，7.3.5 項で正確に定義します。

7.2.2　プログラムの読込み

プログラム 7.1 が完成したら保存して，SWI – Prolog に読み込ませます。7.1.3 項で示したように，Windows ではこのファイルをダブルクリックするだけで，起動と同時にプログラムの読込みができます。MacOS と Linux では，ターミナルでこのファイルのあるフォルダに cd してから，pl または swipl コマンドで

[†] 述語記号，項，原子論理式についての詳細は 3 章を参照してください。

7.2 簡単なプログラムによる Prolog プログラミング

SWI–Prolog を起動し，実行例 **7.1** に示すように sakurake.pl を読み込みます[†]。

―――――― 実行例 **7.1** ――――――
```
?- ['sakurake.pl'].
% sakurake.pl compiled 0.00 sec, 1,032 bytes

true.
```

ファイルの読込みは，?-(プロンプト)の右に
 ['ファイル名'].
と入力してリターンするだけです。Windows では sakurake.pl をダブルクリックしてすでに処理系に読み込んだ状態で起動しているので，あらためてファイルの読込みをする必要はありません。これ以降は Windows，MacOS，Linux とも説明はすべて同じになります。記述したプログラムに誤りがなければ実行例 7.1 に示したように，ERROR メッセージが表示されることなく最後に true(または Yes) が表示されます。

7.2.3 プログラムに誤りがある場合の対応

プログラムに誤りがあれば ERROR という表示とともにエラー箇所が示されます。例えば，プログラム 7.1 の 2 行目をわざと parent(sumire. maruko). というように，コンマ「,」で区切るべき sumire と maruko をピリオド「.」で区切ってみましょう。

実行例 **7.2** では，sakurake.pl:2 のようにして，sakurake.pl の 2 行目にプログラムに Syntax error(構文的な誤り) があることが示されています。行末のピリオドの打ち忘れ，コンマとピリオドの取り違え，括弧の閉じ忘れなどがよくある間違いですので注意してください。

―――
[†] pl または swipl コマンドに -s オプションを付けて，起動時にプログラムファイルを読み込ませることもできます。例: `swipl -s sakurake.pl`

172   7. Prolog

――― 実行例 **7.2** ―――
```
?- ['sakurake.pl'].
ERROR: Documents/prolog/sakurake.pl:2: Syntax error: Operator expected
% sakurake.pl compiled 0.00 sec, 1,268 bytes

true.
```

実行例 7.2 に示すように，間違いを含む行の番号を SWI–Prolog が教えてくれますので，その部分を直してもう一度 [' ファイル名']．コマンドで読み直してください。Windows の場合は [' ファイル名']．でも読み込み直しできますが，図 7.3 に示した SWI–Prolog の窓の左上にある「File」メニューから「Reload modified files」を実行するだけでも OK です。

7.2.4 プログラムの表示（listing）

ERROR が出なくなったら，このプログラムがデータベースとして利用可能になっています。読み込んだ内容が間違いなく反映されているかどうかを，実行例 **7.3** に示すように listing．と打ち込んだ後にリターンして確認しましょう。

――― 実行例 **7.3** ―――
```
?- listing.

male(hiroshi).

female(sumire).
female(maruko).

parent(hiroshi, maruko).
parent(sumire, maruko).
true.
```

初めのうちは，プログラムを修正して読み込み直した後などはできるだけ listing を行い，修正内容が反映されているかどうかを確認するようにしてください。

7.2.5 プログラムの利用方法 1（ゴール節による問合せ）

それでは実際のプログラム利用方法を見てみましょう。実行例 7.4 に示すように，?- の右側に parent(hiroshi, maruko). と入力してリターンしてください。

──────── 実行例 7.4 ────────
```
?- parent(hiroshi, maruko).
true.
```

実行例 7.4 に示した ?- parent(hiroshi, maruko). はゴール節と呼ばれ，SWI-Prolog 内に読み込まれたプログラム (データベース) に対し parent(hiroshi, maruko) が真であるかどうかの問合せを意味します。

$L_1, L_2, \ldots, L_n$ を原子論理式とすると，**ゴール節** (goal clause) は一般に

$$:- L_1, L_2, \ldots, L_n.$$

という形をしており，ゴール節中の各 $L_i (1 \leq i \leq n)$ はこのゴール節の**サブゴール** (sub goal) と呼ばれます。また，「?-」と「:-」は，論理的には同じものでともに含意と呼ばれる論理演算子を表す記号です[†]。最初にユーザが入力するゴール節を本書では初期ゴールと呼び，SWI–Prolog の表示に合せて本書では初期ゴールのみ含意を?- 記号で表します。

parent(hiroshi, maruko) は真かという質問は直感的にいうと「hiroshi は maruko の parent ですか?」という質問です。「true」という表示は，この質問に対し SWI-Prolog が，プログラム 7.1 の 1 行目に書かれた知識に基づき真であると答えているのです。専門的にいうと「parent(hiroshi, maruko) の否定 (式 (7.1) の 1 行目) とプログラム (式 (7.1) の 2 行目) から，導出原理に基づき導出を行った結果，矛盾 (式 (7.1) の 3 行目) が導かれた」ということになるのですが，その話は 4 章で詳しく解説しているので，ここでは，プログラムに対しゴール節による問合せ

---

† 含意については 2 章や 3 章で詳しく解説しています。述語論理では含意を表すために，⊃ または → という記号が使われますが，これらの記号は 1byte 文字しか扱えない（漢字変換機能などない）テキストエディタでは表記できないため，:- 記号がその代わりに用いられました。ただし，⊃ または → と :- では方向が逆なので注意してください。

$$
\begin{array}{l}
\quad\text{?- parent(hiroshi, maruko)} \\
\underline{1\quad \text{parent(hiroshi, maruko)}} \\
\qquad\qquad\square
\end{array}
\qquad (7.1)
$$

を行い true か false(処理系によっては Yes か No) が答えとして返ってくると理解しておいてください。

式 (7.1) は SWI‒Prolog がゴール節の入力に対して行った計算過程を示しています。式 (7.1) の 1 行目がゴール節による問合せ，2 行目がその問合せに答えるために SWI‒Prolog がプログラムの中から探し出した確定節[†]，3 行目が，計算が正常に終了したことを示す記号（空節）です。このような計算過程を演繹といい，この演繹により空節が導出されたといいます。導出原理，演繹，導出，空節については 4 章で詳しく解説しています。ゴール節に対する演繹（計算）が空節の導出に至り，正常に終了すると，SWI‒Prolog は true という結果を表示します。

プログラム (データベース) 内にない知識に関する問合せを行った場合は実行例 **7.5** に示すように「false」が表示されます。

──────── 実行例 **7.5** ────────
```
?- parent(hiroshi, sakiko).
false.
```

本来この false は偽を意味する単語ですが，ここでは parent(hiroshi, sakiko) が偽であるという意味ではなく，このプログラムの表す知識では，parent(hiroshi, sakiko) が真であると証明できないことを示しているだけです。

7.2.6　プログラムの利用方法 **2**（変数を含むゴール節）

変数を含むゴール節による問合せの例を実行例 **7.6** に示します。

[†] 式 (7.1) の 2 行目の先頭に付けた数字 1 は，プログラムの 1 行目の確定節であることを示した番号です。

7.2 簡単なプログラムによる Prolog プログラミング

―― 実行例 **7.6** ――
```
?- parent(X, maruko).
X = hiroshi ;
```

Prolog では，名前が英大文字または「_」で始まる記号は変数として扱われます．ここでは「X」が変数です．

?- parent(X, maruko). というゴール節は「parent(X, maruko) は真ですか」という問合せにあたり，この質問に対し「X = hiroshi とすれば真です」という答えが返ってきています．直感的にいうと，「誰が maruko の parent ですか」という質問に対し，「hiroshi です」と答えていると理解してもよいでしょう．これは，ゴール節中の parent(X, maruko) という原子論理式と，プログラム 7.1 の 1 行目の確定節にある parent(hiroshi, maruko) という原子論理式を単一化した結果です．

$$\frac{\text{?- parent(X, maruko)\{hiroshi/X\}}}{1 \quad \text{parent(hiroshi, maruko)\{hiroshi/X\}}} \tag{7.2}$$

□

単一化については 4.2.2 項で詳しく説明していますが，簡単にいうと代入操作により同じ述語記号を持つ二つの原子論理式をまったく同じ形にすることです．式 (7.2) の 1 行目の末尾にある {hiroshi/X} は，変数 X を hiroshi に置き換えるという代入を表し，?- parent(X, maruko){hiroshi/X} はその代入を ?- parent(X, maruko) という節に適用した結果，すなわち ?- parent(hiroshi, maruko) を表します[†1]．ゴール節にこの代入を適用することで，これら二つの原子論理式は完全に一致します．この代入を mgu と呼びます[†2]．このように SWI-Prolog などの Prolog の処理系は，与えられたゴール節による問合せに対しプログラムの 1 行目から順番に単一化可能な節を探し，そのような節が見つかれば，単一化に使用された mgu に基づき X = hiroshi などを結果として表示します．

最初に見つかった節以外にも単一化可能な節がプログラム内に存在する場合，

[†1] 代入や代入の適用については，3.2 節の(定義 3.16)で詳しく解説しています．
[†2] mgu と単一化については 4.2.2 項で詳しく解説しています．

それらすべての節を使用した計算結果を表示させることも可能です。実行例 **7.7** に示すように，最初に表示された結果の直後にセミコロンを打ち込んでみてください。

───── 実行例 **7.7** ─────
```
?- parent(X, maruko).
X = hiroshi ;
X = sumire.
```

すると，parent(X, maruko) が真となるようなほかの答えが返ってきます。このように変数を含むゴール節による問合せでは，その変数に入るべき値をすべて教えてくれるように動作します。これら以外にも ?-female(X). や ?-parent(sumire, X). などのゴール節を入力してどのような結果が得られるか確認してください。

7.3 一般的な確定節

本節では，事実節だけでなく一般的な確定節を含むプログラムについて学習します。プログラム 7.1 に確定節をいくつか追加し，sakurake.pl をプログラム **7.2** のように拡張してください[†]。

───── プログラム **7.2** ─────
```
1   parent(tomozou, hiroshi).
2   parent(kotake, hiroshi).
3   parent(hiroshi, sakiko).
4   parent(sumire, sakiko).
5   parent(hiroshi, maruko).
6   parent(sumire, maruko).
7   male(tomozou).
8   male(hiroshi).
9   female(kotake).
10  female(sumire).
11  female(sakiko).
12  female(maruko).
13  child(X, Y) :- parent(Y, X).
```

[†] バックスラッシュ記号 \ は使用する OS や計算機によっては円記号 ¥ に読み替えてください。

```
14    mother(X, Y) :- parent(X, Y), female(X).
15    sibling(X, Y) :- child(X, Z),child(Y, Z), X \= Y.
```

7.3.1 規則の導入

プログラム 7.2 ができたら保存して，7.2.2 項で示した方法で SWI – Prolog に読み込んだ後，**実行例 7.8** のように実行してみてください。

──────────── 実行例 7.8 ────────────
```
?- child(maruko, Y).
Y = hiroshi ;
Y = sumire.
```

すると，child(maruko, hiroshi) や child(maruko, sumire) という事実節がプログラム内に記述されていないにも関わらず，`?- child(maruko, Y).` (marukoは誰の child ですか) という問合せに対し hiroshi や sumire という答えが返ってきます。これはプログラム 7.2 の 13 行目に書かれている child(X, Y) :- parent (Y, X). という確定節の効果です。確定節の構造を図 **7.4** に示します。

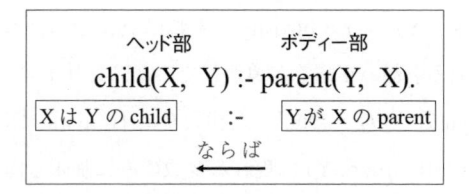

```
            ヘッド部         ボディー部
         child(X, Y) :- parent(Y, X).
        ┌─────────────┐     ┌─────────────┐
        │ X は Y の child │ :- │ Y が X の parent │
        └─────────────┘     └─────────────┘
                    ならば
```

図 **7.4** 確定節の構造

図 7.4 に示したように，:- の右側を確定節の**ボディー部** (body)，左側を**ヘッド部** (head) と呼びます。このような確定節は，ボディー部に書かれた条件が満たされれば，ヘッド部に書かれた原子論理式が真になるという規則を表していることから**規則節** (rule) とも呼ばれます。

`?- child(maruko, Y).` というゴール節による問合せが入力されると，SWI-Prolog などの Prolog 処理系はこのゴール節に含まれる原子論理式と単一化可能なヘッド部を持つ確定節をプログラムの先頭から順に探します。その結果プログラム 7.2 の 13 行目の確定節のヘッド部と単一化されます。このときの単一

化に使われた mgu {maruko/X} を θ_1 とすると，このときの計算 (導出) の様子は式 (7.3) のようになります．

$$\frac{\text{?- child(maruko, Y)}\theta_1 \quad 13 \quad \text{child(X, Y)}\theta_1 \text{ :- parent(Y, X)}\theta_1}{\text{:- parent(Y, maruko)}} \tag{7.3}$$

式 (7.3) において，child(X, Y)θ_1 は child(X, Y) に代入 θ_1 を施した結果，すなわち child(maruko, Y) を表します．同様に parent(Y, X) θ_1 は parent(Y, maruko) を表します．

式 (7.3) は，ゴール節 ?- child(maruko, Y) とプログラム 7.2 の 13 行目の確定節からの導出の結果，新たなゴール節 :- parent(Y, maruko) が導き出されたことを表しています．このゴール節に対する演繹は実行例 7.6 および式 (7.2) とまったく同じですので，Y = hiroshi が計算結果として示されます．この代入 {hiroshi/Y} を θ_2 とします．

:- parent(Y, maruko) は Y = hiroshi とすると真となるので，図 7.4 で説明したように child(maruko, Y) も Y = hiroshi とすれば真になる，つまり「maruko は hiroshi の child である」という結論が導かれたことになります．この一連の演繹の過程で得られた mgu θ_1 と θ_2 を合成†した代入 θ = {maruko/X, hiroshi/Y} に対し，ゴール節 ?- child(maruko, Y) に現れる変数のみに制限した代入 {hiroshi/Y} をゴール節 ?- child(maruko, Y) に対する**解代入** (answer substitution) といいます．SWI – Prolog はこの解代入を用いて「maruko は誰の child ですか」という問合せに対し，Y = hiroshi つまり「hiroshi です」と答えています．

ところで，ゴール節を ?- child(maruko, X) としても SWI – Prolog は実行例 7.8 と同様の結果を返しますが，これは SWI – Prolog が α 変換 (定義 3.21) と呼ばれる変数の置き換えを行っているからです．二つの節を単一化する際にはそれらの節で共通する変数がなくなるように α 変換が行われます．詳しくは 定義 4.12 の条件 1. および具体的な説明である〈例 4.14〉を参照してください．

---

† 代入の合成の正確な定義については，定義 4.8 を参照してください．

7.3.2 コメント

このように規則を表す確定節をプログラムに含めることにより，**プログラム 7.3** に示すような原子論理式 child に関する事実節をわざわざ書かなくても child に関する問合せに答えられるようなプログラムにすることができます。

──────────── プログラム 7.3 ────────────
```
1   child(hiroshi, tomozou).
2   child(sumire, tomozou).
3   child(hiroshi, kotake).
4   child(sumire, kotake).
5   child(maruko, hiroshi).
6   child(maruko, sumire).  %行コメント
7   /*
8     parent(tomozou, hiroshi) などの事実節と
9     child(X, Y) :- parent(Y, X) という確定節があれば，
10    これらの child に関する事実節は不要。
11  */
```

プログラム 7.3 は，プログラム 7.2 があれば不要なのですが，せっかくですのでコメントの説明に使います。7～11 行目に示した /* 記号から */ 記号までの部分はコメントです。複数行に渡る説明をプログラム内に記述するときに使用します。%から行末までは，ワンポイントの説明を入れるための行コメントです。

7.3.3 複合的な条件の表現方法

プログラム 7.2 の 14 行目に示すように，確定節のボディー部には複数の条件を並べて書くことができ，より複雑な知識を表現することが可能となります。これらの確定節を用いた計算の様子を見てみましょう。

実行例 7.9 に示すように，mother(sumire, maruko). という事実節がプログラム内に記述されていないにも関わらず，?- mother(sumire, maruko). という問合せに対し「true」という答えが返ってきます。これはプログラム 7.2 の 14 行目に書かれている mother(X, Y) :- parent(X, Y), female(X). という確定節の効果です。

---- 実行例 7.9 ----
```
?- mother(sumire, maruko).
true.
```

図 7.5 に示すように，確定節のボディー部に条件を表す原子論理式をコンマ「,」で区切って複数並べて書くことができ，このコンマは述語論理の論理積を表します[†]。この確定節は，X が Y の parent でありかつ X が female ならば，X は Y の mother であるという知識（規則）を表しています。

```
                ヘッド部           ボディー部
            mother(X, Y) :- parent(X, Y), female(X).
    X は Y の mother    :-     X が Y の parent
                                かつ X が女性
                    ならば
```

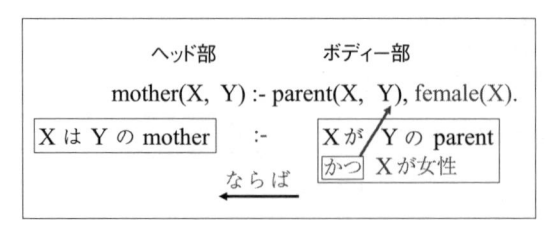

図 7.5　条件の And 合成

?- mother(sumire, maruko). というゴール節による問合せが入力されたときの SWI–Prolog などの Prolog 処理系が行う導出を式 (7.4) に示します。

$$\frac{\begin{array}{l}\text{?- mother(sumire, maruko)}\theta_1\\ 14\quad \text{mother(X, Y)}\theta_1 \text{ :- parent(X, Y)}\theta_1, \text{female(X)}\theta_1\end{array}}{\text{:- parent(sumire, maruko), female(sumire)}} \quad (7.4)$$

このときの mgu θ_1 は {sumire/X, maruko/Y} です。

式 (7.4) の 3 行目では新たに :- parent(sumire, maruko), female(sumire) というゴール節が導出されたことが示されています。SWI–Prolog はこのゴール節の各サブゴールを左から順に処理していきます。その様子を式 (7.5) と (7.6) に示します。

$$\frac{\begin{array}{l}\text{:- parent(sumire, maruko)}\\ 6\quad \text{parent(sumire, maruko)}\end{array}}{\Box} \quad (7.5)$$

[†] 論理積については 定義 2.2 や 定義 2.8，定義 3.7，定義 3.17 を参照してください。

$$\cfrac{\begin{array}{l}\text{:- female(sumire)}\\ 10\quad \text{female(sumire)}\end{array}}{\Box} \quad (7.6)$$

式 (7.5) と (7.6) に示したように，式 (7.4) で導出されたゴール節の各サブゴールに対する計算は空節を導出して正常に終了するので，実行例 7.9 に示したように ?- mother(sumire, maruko). というゴール節による問合せに対する演繹も正常に終了し，「sumire は maruko の mother ですか」という問いに対し「true」が表示されています．

7.3.4 \= と =

プログラム 7.2 の 15 行目も複合的な条件を持つ確定節です．

  15 sibling(X, Y) :- child(X, Z), child(Y, Z), X \= Y.

sibling とは兄弟姉妹という意味であり，この節は X と Y が兄弟または姉妹かどうかを判定するために使われます．ある人とある人が兄弟姉妹かどうかは同じ人の子供であるかどうかで判定できるので，この節のボディー部では，X が Z の child かつ Y が Z の child という条件によって，X と Y がともに Z の子供であることを確認します．ただし，これだけでは ?- sibling(maruko, maruko). というゴール節 (問合せ) に対し「true」が返ってくるので，X と Y がたがいに異なるときに真になる X \= Y という述語も条件に加わっています．これに対し，X = Y は X と Y が等しいときに真になる述語です．\= と = は SWI-Prolog が備えている「組込み述語」であり，ユーザが定義しなくても使用できる述語です．本来は，原子論理式として =(X, Y) や \=(X, Y) のように記述するのですが，数学の等号と同じように中置記法が許されています．

実行例 **7.10** に示すように ?- sibling(maruko, sakiko). や ?- sibling(maruko, Y). という問合せに対しほぼ期待どおりの答えが返ってきていますが，余計な答えも返ってきています．これに関しては 7.8 節で詳しく説明します．

---- 実行例 **7.10** ----

```
?- sibling(maruko, sakiko).
true ;
true ;
false.
?- sibling(maruko, Y).
Y = sakiko ;
Y = sakiko ;
false.
```

7.3.5 確定節，事実節，ゴール節，ホーン節

$E, L_1, L_2, \ldots, L_n$ を任意の原子論理式とすると，一般的には式 (7.7) に示すように，確定節には条件を表す原子論理式をボディー部に複数書くことが許されます．

$$E \text{:-} L_1, L_2, \ldots, L_n. \tag{7.7}$$

直感的に式 (7.7) の確定節は，L_1 が真かつ L_2 が真かつ $\cdots$ かつ L_n が真ならば E が成り立つという規則を表します．$n = 0$ であるような確定節，つまり無条件に E が成り立つという知識を表す確定節が事実節です．:- と?- は論理的には同じものなので，?- mother(sumire, maruko). などのゴール節とはヘッド部のない節のことであり，確定節とはヘッド部を持つ節のことです．ゴール節と確定節を合わせて**ホーン節** (Horn clause) といいます．

述語論理の立場から説明すると E :- $L_1, L_2, \ldots, L_n$ は $E \vee \neg L_1 \vee \neg L_2 \vee \ldots, \vee \neg L_n$ と等価な論理式です．また :- L と ?- L は $\neg L$ と等価な論理式です[†]．確定節とは否定記号の付かない原子論理式を 1 個だけ持つ節，ゴール節とは否定記号の付いた原子論理式だけからなる節のことです．Prolog とは，これらホーン節だけからなる論理式の集合をプログラムとするようなプログラミング言語です．

[†] ¬ は否定，∨ は論理和を表す論理演算子です．これらの演算子については 2 章や 3 章で解説しています．また，等価な論理式については 2.3 節と 3.3 節で解説しています．

7.4 プログラムの手続的解釈と SLD 導出

本章ではこれまで Prolog プログラムの実行を，導出原理に基づく演繹として説明してきました。しかし，ほかのプログラミング言語と同様に，プログラムを手続き（関数やメソッド）や手続き呼出しの集まりと見るともっと理解しやすくなるかもしれません。これを論理型プログラムの**手続的解釈** (procedural interpretation) といいます。

7.4.1 手続き定義としての確定節と，手続き呼出しとしてのゴール節

例えば，プログラム 7.2 の 14 行目に追加した確定節 mother(X,Y) :- parent(X,Y), female(X). は，図 7.6 に示したような構造を持つ mother という名前の手続き定義と見ることができます。

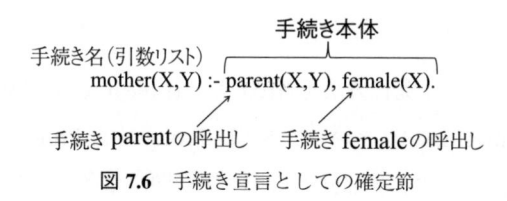

```
            手続き名(引数リスト)        手続き本体
                    mother(X,Y) :- parent(X,Y), female(X).
                          手続き parent の呼出し   手続き female の呼出し
```
図 7.6　手続き宣言としての確定節

これに対しゴール節 ?- mother(sumire, maruko). は手続き mother の呼出しであり，呼び出す際に実引数 sumire と maruko が図 7.6 に示した引数リストの X と Y にそれぞれ代入されていると見ることができます。

7.4.2 SLD 導出

このゴール節に対する実行の順序を図 7.7 に示します。このような図を SLD 導出木といいます。

7. Prolog

```
?- mother(sumire, maruko).  ①
         \
          mother(X, Y) :- parent(X, Y), female(X). ②
              \
               mother(sumire, maruko),
               mgu={sumire/X, maruko/Y}  ③
:- parent(sumire, maruko), female(sumire). ④
              \
               parent(sumire, maruko).  ⑤
                 \
                  parent(sumire, maruko), mgu={ }  ⑥
:- female(sumire).  ⑦
              \
               female(sumire).  ⑧
                 \
                  female(sumire), mgu={ }  ⑨
   □  ⑩
```

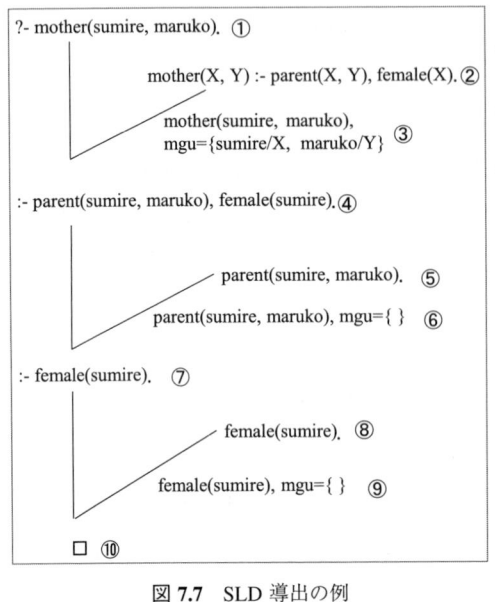

① 初期ゴール節（これから呼出しを行う手続きのリスト）
③ ①のゴール節中で実行されるサブゴールと，引数渡しに相当する mgu
② ③の呼出しに対し，実際に使用される手続きが選択される
④ ゴール節の更新（③での手続き呼出しの結果，この後に呼出しを行う手続きのリストが更新された）
⑥ ④のゴール節中で実行されるサブゴールと，引数渡しに相当する mgu
⑤ ⑥の手続き呼出しに対し，実際に使用される手続きが選択される
⑦ ゴール節の更新（⑥での手続き呼出しの結果，この後に呼出しを行う手続きのリストが更新された）
⑨ ⑦のゴール節中で実行されるサブゴールと，引数渡しに相当する mgu
⑧ ⑨の手続き呼出しに対し，実際に使用される手続きが選択される
⑩ ⑨の終了後，最終的に空節が導かれ，一連の計算が正常に終了

図 7.7 SLD 導出の例

図 7.7 に示したような実行方法を **SLD 導出** (Linear resolution with Selection function for Definit clause)[5] といい[†]，SWI – Prolog など Prolog の処理系は SLD 導出を実装したものです。各部分の意味や実行順序は図 7.7 の右側の説明に示したとおりなのですが，SLD 導出木の各部分の意味を図 **7.8** に示します。

図 7.8 の ⓐ の部分にゴール節を書きます。一般に，ゴール節は複数のサブゴール A，B，C，D，… からなり，これらはこの後に実行する手続き呼出しのリストを表します。このリストの一番左にあるサブゴール A から実行（手続き呼出し）が行われます。

ⓒ の前半部分には，ⓐ のボディー部の一番左にあるサブゴール A を書きます。このサブゴール A がここで実行される手続き呼出しに相当します。この手

[†] SLD 導出は，4 章で述べた導出原理に対し，効率化のために，導出の対象をホーン節に限定し，かつ，導出に用いる節の選び方を制限することで得られる導出手続きです。SLD 導出は，ホーン節に対しては，(定理 4.4 と同じ意味で) 健全かつ完全であることが知られています。

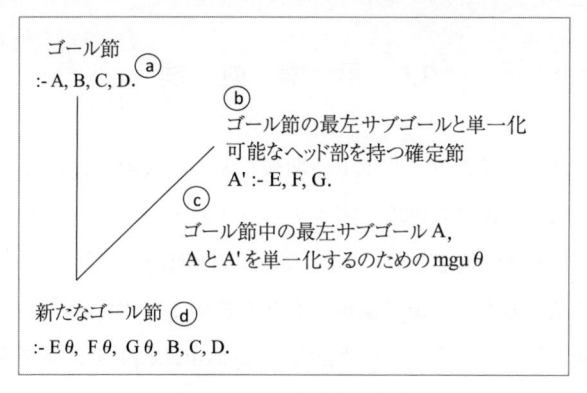

7.4 プログラムの手続的解釈と SLD 導出   185

```
ゴール節
:- A, B, C, D.   ⓐ
                       ⓑ
                       ゴール節の最左サブゴールと単一化
                       可能なヘッド部を持つ確定節
                       A' :- E, F, G.
                           ⓒ
                           ゴール節中の最左サブゴール A,
                           A と A' を単一化するのための mgu θ

新たなゴール節 ⓓ
:- Eθ, Fθ, Gθ, B, C, D.
```

図 **7.8**　SLD 導出木の見方

続き呼出しに対し，実際に呼び出される手続きに相当する確定節 A' :- E, F, G がⓑの部分に書かれ，その際の引数渡しに相当する mgu θ がⓒの後半に書かれます。ただし，A と A' は θ により単一化可能，すなわち Aθ = A'θ となるものに限られます。

ⓒの手続き呼出しの結果，今後実行すべき手続き呼出しのリストが更新されます。ⓓの部分には，この更新された実行予定リストが書かれます。具体的には，ⓐのゴール節からⓒのサブゴール A を消去し，その代わりにⓑの確定節のボディー部に mgu を適用した結果できる原子論理式で A を置き換えてできる新たなゴール節をⓓに書きます。例えば，ⓒで手続き呼出し A が実行された結果，この後に実行されるサブゴールのリストは Eθ, Fθ, Gθ, B, C, D になります。ただし，この新たなゴール節がサブゴールを一つも持たない場合は空節 □ を書きます。

7.4.3　プログラムの実行順序

手続き呼出しが発生した際（例えば，図 7.7 の①），SWI–Prolog など Prolog の処理系は**プログラムの先頭から順**に選択可能な確定節を探します。また，図 7.7 の④のようにゴール節に複数の原子論理式（手続き呼出し）が存在する場合，**左の手続き呼出しから順**に実行されます。

7.5 再帰処理

再帰処理とは，手続き（メソッドや関数など）定義の中に自分自身の呼出しを書く方法であり，繰返し処理を実現する方法の一つです。Prolog では再帰的な確定節により再帰処理を記述します。再帰的な確定節とは，ボディー部にヘッド部と同じ述語記号を持つ原子論理式を含む節のことです。

プログラム 7.2 に確定節を二つ追加して，sakurake.pl をプログラム 7.4 のように拡張してください。

―――― プログラム 7.4 ――――

```
1   parent(tomozou, hiroshi).
2   parent(kotake, hiroshi).
3   parent(hiroshi, sakiko).
4   parent(sumire, sakiko).
5   parent(hiroshi, maruko).
6   parent(sumire, maruko).
7   male(tomozou).
8   male(hiroshi).
9   female(kotake).
10  female(sumire).
11  female(sakiko).
12  female(maruko).
13  child(X, Y) :- parent(Y, X).
14  mother(X, Y) :- parent(X, Y), female(X).
15  sibling(X, Y) :- child(X, Z), child(Y, Z), X \= Y.
16  ancestor(X, Y) :- parent(X, Y).
17  ancestor(X, Y) :- parent(X, Z), ancestor(Z, Y).
```

プログラム 7.4 に追加した 16, 17 行目の確定節は，祖先子孫関係に関する問合せ，例えば実行例 7.11 に示すように「tomozou は maruko の ancestor(祖先)ですか」という質問に答えられるようにするためのものです。プログラム 7.4 の 17 行目の確定節は，ボディー部にヘッド部と同じ ancestor という述語記号を持つ原子論理式があるので再帰的な確定節です。この再帰的な確定節の効果で，何代先の祖先でもたどれるような問合せが可能となります。このプログラ

ムを 7.2.2 項で示した方法で SWI–Prolog に読み込んだ後，実行例 7.11 のように実行してみてください．

───── 実行例 7.11 ─────
```
?- ancestor(tomozou, maruko).
true .
```

7.5.1 バックトラック

実行例 7.11 に示したプログラムの動作を説明します．?- ancestor(tomozou, maruko). というゴール節のサブゴール，ancestor(tomozou, maruko) と単一化可能なヘッド部を持つ確定節を SWI-Prolog はプログラムの先頭から探し始め，16 行目の ancestor(X, Y) :- parent(X, Y) を見つけます．しかしこの計算は，図 7.9 に示すように失敗します．

```
?- ancestor(tomozou, maruko).  ①
            ancestor(X, Y) :- parent(X, Y).  ②
              ancestor(tomozou, maruko),
              mgu={tomozou/X, maruko/Y}  ③
:- parent(tomozou, maruko).  ④
     失敗  ⑤
```

① ゴール節（これから呼出しを行う手続きのリスト）

③ ①のゴール節中で実行されるサブゴールと，引数渡しに相当する mgu

② ③の呼出しに対し，実際に使用される手続きが選択される．

④ ゴール節の更新（③での手続き呼出しの結果，この後に呼出しを行う手続きのリストが更新された）

⑤ ④のゴール節が空節でなく，そのサブゴール（手続き呼出し）の実行も不可能なため失敗．

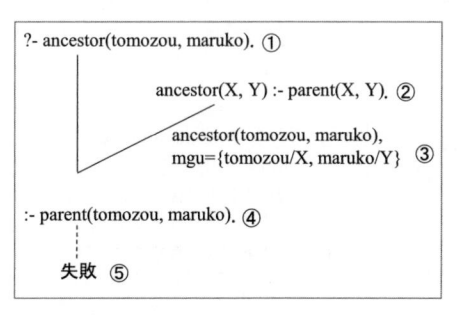

図 7.9 再帰処理を含む SLD 導出失敗例

演繹の途中で得られた④のゴール節のサブゴール parent(tomozou, maruko) に対し SWI–Prolog は単一化可能なヘッド部を持つ確定節をプログラムから探そうとしますが，そのような確定節はプログラムにないのでこの計算は失敗します．しかし，これで終わりではなく，SWI–Prolog はほかの計算の可能性を探り，②で探した確定節以外で③のサブゴールと単一化可能なヘッド部を持つ確定節を探します．⑤の状態から①の状態まで戻るので，この動作を**バックトラック (backtrack)** といいます．バックトラックが起こり，別の確定節を用いた

① 初期ゴール節（これから呼出しを行う手続きのリスト）
③ ①のゴール節中で実行されるサブゴール（手続き呼出

```
?- ancestor(tomozou, maruko).  ①
                ②
        ancestor(X, Y) :- parent(X, Z), ancestor(Z, Y).
                ancestor(tomozou, maruko),
                mgu={tomozou/X, maruko/Y}   ③

:- parent(tomozou, Z), ancestor(Z, maruko).  ④

                        parent(tomozou, hirosi).  ⑤
                        parent(tomozou, Z), mgu={hirosi/Z}   ⑥

:- ancestor(hirosi, maruko).  ⑦
                ancestor(X₂, Y₂) :- parent(X₂, Y₂).  ⑧
                        ancestor(hirosi, maruko),
                        mgu={hirosi/X₂, maruko/Y₂}   ⑨

:- parent(hirosi, maruko).  ⑩

                        parent(hirosi, maruko).  ⑪
                        parent(hirosi, maruko), mgu={ }  ⑫

        □    ⑬
```

② ③の呼出しに対し，以前に失敗した確定節以外の手続き（確定節）が選択される．
し）と，引数渡しに相当する mgu
④ ゴール節の更新（③での手続き呼出しの結果，この後に呼出しを行う手続きのリストが更新された）
⑥ ④のゴール節中で実行されるサブゴールと，引数渡しに相当する mgu
⑤ ⑥の手続き呼出しに対し，実際に使用される手続きが選択される
⑦ ゴール節の更新（⑥での手続き呼出しの結果，この後に呼出しを行う手続きのリストが更新された）
⑨ ⑦のゴール節中で実行されるサブゴール（手続き呼出し）と，引数渡しに相当する mgu
⑧ ⑨の手続き呼出しに対し，実際に使用される手続きが選択される
⑩ ゴール節の更新（⑨での手続き呼出しの結果，この後に呼出しを行う手続きのリストが更新された）
⑫ ⑩のゴール節中で実行されるサブゴールと，引数渡しに相当する mgu
⑪ ⑫の手続き呼出しに対し，実際に使用される手続きが選択される
⑬ ⑫の終了後，最終的に空節が導かれ，一連の計算が正常に終了

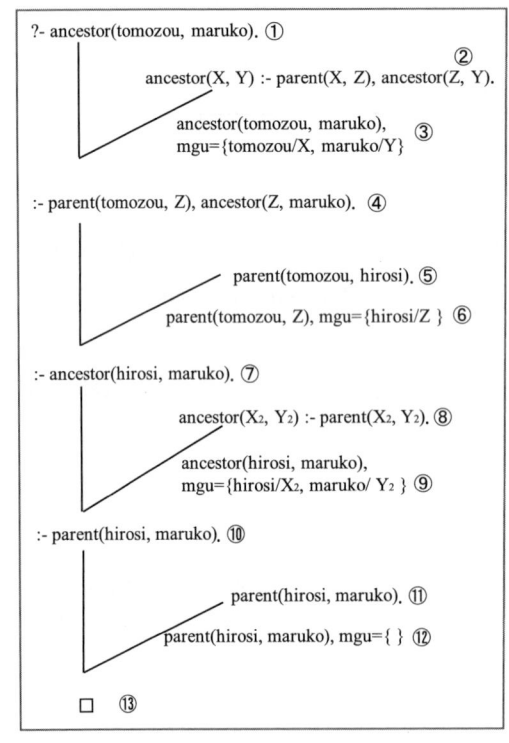

図 **7.10** 再帰処理を含む SLD 導出成功例

計算が行われる様子を図 **7.10** に示します．

図 7.10 の②は，①で呼ばれた手続き ancestor(tomozou, maruko) の実行なのですが，②の本体にある ancestor(Z, Y) が⑦において ancestor(hiroshi, maruko) として再び呼ばれています．このように ancestor(X, Y) :- parent(X, Z), ancestor(Z, Y). という確定節の本体とヘッド部の間で何度も手続き呼出しが繰り返されることにより，何代先の祖先であっても祖先子孫関係が成り立っているかどうかが判定できるようになっています．

7.5.2 再帰処理を書く際の方針

再帰処理はうまく書くことができればプログラムがとても簡潔になるのですが，初心者のうちはなかなか思ったとおりに動作するプログラムは書けないようです。特に無限ループには気を付けてください。そのためには再帰処理を記述する際は，次の二つの方針に従ってください。

1. 再帰的な確定節のヘッド部と同じヘッド部を持ち，再帰的でない確定節を必ず書く（再帰呼出し終了条件の設定）。
2. 再帰的な確定節のサブゴールにおいて，1.の確定節に近づくように引数を与える（再帰するときは終了条件に近づける）。

プログラム7.4において，1.に相当するのが16行目のancestor(X, Y) :- parent(X, Y).です。繰返し処理が続く途中，この確定節がSWI‒Prologによって選択され成功すれば再帰呼出しは終了します。

2.に関してはプログラムによって引数の書き方がまったく違うので一概にはいえないのですが，例えばプログラム7.4では16行目のancestor(X, Y) :- parent(X, Y).は，XとYが1世代の親子関係のときにancestor(X, Y)が真になり再帰呼出しがそこで終了します。17行目のancestor(X, Y) :- parent(X, Z), ancestor(Z, Y).は，呼び出されるごとにこの終了条件に近づくように書かれています。

初期ゴールのXとYの間が何世代離れていようと，17行目のサブゴールparent(X, Z)の効果によりXと1世代離れたZが再帰呼出しのancestor(Z, Y)に与えられているため，再帰呼出しを繰り返すごとに1世代ずつ，ancestorの第1引数と第2引数の間が縮まります。図7.10において，①の初期ゴールではtomozouとmarukoは2世代離れていました。しかし，⑤のparentの呼出しで1世代縮まり，⑦ではプログラム7.4の16行目のancestorが呼ばれ，そのサブゴールの実行が⑩で行われプログラムの実行が正常に終了しています。

7.6 リスト処理

多くのデータを処理するようなプログラムを書く場合，Prolog ではリスト (list) と呼ばれるデータ構造を利用します．データ構造としてのリストを正確に定義すると長くなるので，ここでは単にコンマ「,」で区切られたデータがカギ括弧 [ ] の中に入っているものと理解してください．例えば，[tomozou, kotake, hiroshi, sumire, sakiko, maruko] や [1, 2, 3, 4, 5] がリストです．リストに対して再帰処理を行うことにより，さまざまな計算を行うことができます．

7.6.1 リスト処理に用いられる項 [Head | Tail]

リスト処理プログラミングの始めの一歩のお約束，member を使ってリスト処理の基礎を学習します．member(X, List) とは，X が List の要素であれば true となる述語なのですが，SWI-Prolog も含め Prolog の処理系によってはこれが組込み述語として含まれているので，ここでは mem という名前を使います．listProcessing.pl というファイル名でプログラム 7.5 を作成してください．

―――――― プログラム 7.5 ――――――
```
1  mem(X, [X|_]).
2  mem(X, [_|Tail]) :- mem(X, Tail).
```

mem の引数 [X| _] の中の _ は**無名変数** (anonymous variable) と呼ばれる変数です．無名変数については本項の最後で説明します．リスト処理をするプログラムでは，この [···|···] という形をした項が大きな役割を果たします．プログラムができたら 7.2.2 項で示した方法で SWI-Prolog に読み込んで，**実行例 7.12** のように実行してください．

実行例 7.12

```
?- mem(tomozou, [tomozou, hiroshi, maruko]).
true .

?- mem(maruko, [tomozou, hiroshi, maruko]).
true .

?- mem(sumire, [tomozou, hiroshi, maruko]).
false.
```

プログラム 7.5 で定義した mem は，第 1 引数で与えられた項が第 2 引数のリストの中に存在するかどうかを確認するための述語です．実行例 7.12 の 1 行目の実行の様子を図 **7.11** に示します．

```
?- mem(tomozou, [tomozou, hiroshi, maruko]).     ①
              mem(X, [X|_]).     ②
              mem(tomozou, [tomozou, hiroshi, maruko]),     ③
              mgu={tomozou / X, [hiroshi, maruko] /_ }
         □    ④
```

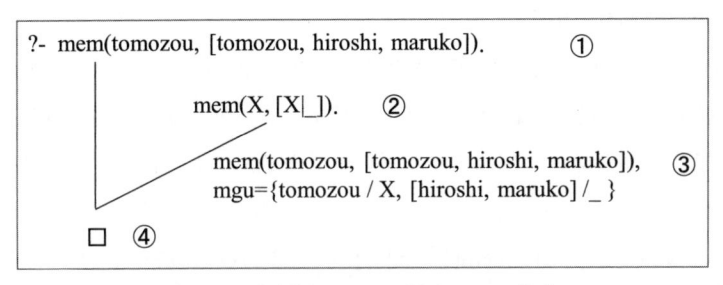

図 7.11 実行例 7.12 の 1 行目の SLD 導出

ゴール節 ?- mem(tomozou, [tomozou, hiroshi, maruko]). (tomozou は [tomozou, hiroshi, maruko] の要素ですか) という問合せに答えるため，このゴール節のサブゴール（図 7.11 の③）と単一化可能なヘッド部を持つ確定節（図 7.11 の②）が選ばれます．これら二つの原子論理式を並べ，これらが単一化される様子を図 **7.12** に示します．

リストと [Head|Tail] のパターンマッチ　図 7.12 に示すように，この単一化において，[tomozou, hiroshi, maruko] というリストは，先頭要素 tomozou が X に代入され，このリストから tomozou を除いた残りのリスト [hiroshi, maruko] が _ という変数に代入されています．これにより [tomozou, hiroshi, maruko] というリストが X = tomozou と _ = [hiroshi, maruko] という二つの部分に分割され

```
mem(tomozou, [tomozou, hiroshi, maruko]).
mem( X,      [ X     |  _  ]).
                         ↑
                    内容はどうでもよい
                    場合の変数


mgu = { tomozou / X ,
        [hiroshi, maruko] / _ }
```

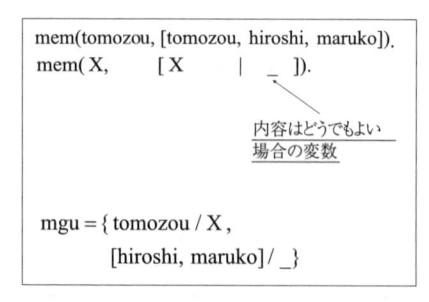

図 **7.12** [Head|Tail] を用いたリスト処理

ました．このように [Head|Tail] という項は，リストとパターンマッチさせることによりリストの先頭要素 Head と，Head を取り除いた残りのリスト Tail に分けるために使われます．

無名変数 _　　Prolog では変数名は大文字アルファベットで始まる名前を使うのですが，_ は代入された値をほかの部分で使わない場合に用いられる特別な変数で，無名変数と呼ばれます．プログラム 7.5 の 1 行目の確定節は，探している要素 X がリストの先頭にある場合に単一化に成功するものであり，その他の要素は必要ないため mem(X, [X| _]) の第 2 引数において，[Head|Tail] の Tail 部分の変数として無名変数が使われています．無名変数の代わりに Y など普通の変数を使って mem(X, [X|Y]) としてもプログラムとしては正しく動作しますが，Y は他の部分でまったく参照されないため SWI–Prolog ではこのプログラムを読み込んだとき，実行例 **7.13** に示すような警告 (Warning) が表示されます．

───────── 実行例 **7.13** ─────────
```
?- ['listProcessing.pl'].
Warning: .../Documents/prolog/listProgarm.pl:1:
Singleton variables: [Y]
```

7.6.2　リストに対する再帰処理

実行例 7.12 の 3 行目では，[tomozou, hiroshi, maruko] というリストの中に

7.6 リスト処理

```
?- mem(maruko, [tomozou, hiroshi, maruko]).   ①
                    mem(X, [ _ |Tail]) :- mem(X, Tail).   ②
                    mem(maruko, [tomozou, hiroshi, maruko]),   ③
                    mgu={maruko / X, tomozou / _ , [hiroshi, maruko] / Tail }

:- mem(maruko, [hiroshi, maruko]).   ④
                    mem(X₂, [ _ |Tail]) :- mem(X₂, Tail₂).   ⑤
                    mem(maruko, [hiroshi, maruko]),   ⑥
                    mgu={maruko/X₂, hiroshi / _ , [maruko] / Tail₂}

:- mem(maruko, [maruko]).   ⑦
                    mem(X₃, [X₃ | _ ]).   ⑧
                    mem(maruko, [maruko]),   ⑨
                    mgu={maruko/X₃, [ ] / _ }
     □   ⑩
```

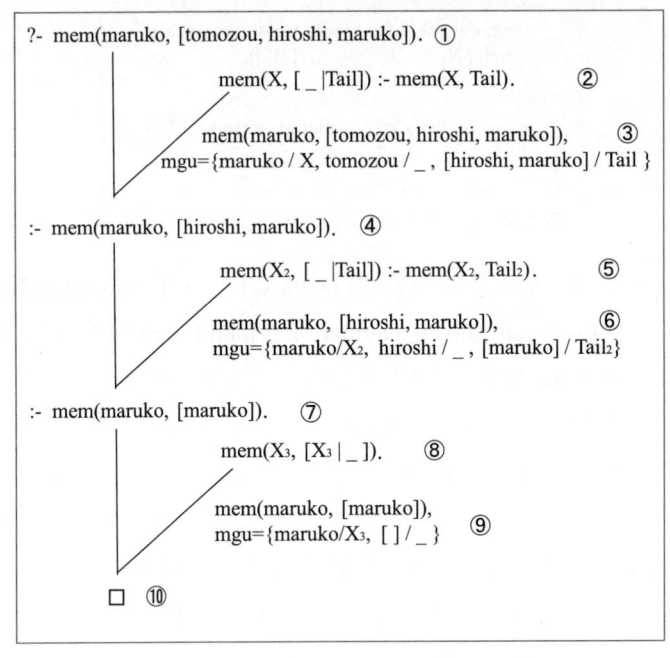

図 7.13 実行例 7.12 の 3 行目の SLD 導出

maruko が存在するかどうかを問い合わせています．リストの先頭以外の部分にある要素でも，プログラム 7.5 の 2 行目の再帰的な確定節 mem(X, [_ |Tail]) :- mem(X, Tail). によって，一つずつリストの要素を前から順番にたどって探し出すことができます．実行例 7.12 の 3 行目の実行の様子を**図 7.13** に示します．

図 7.13 の①に示したゴール節のサブゴール③とプログラム 7.5 の 1 行目の確定節のヘッド部 mem(X, [X| _]) は単一化できません．[X| _] が，図 7.12 に示したように探している要素 X が先頭要素となっているリストとしかパターンマッチできないからです．そこで，SWI-Prolog は次の候補として 2 行目の確定節を選択します．その際，図 7.13 の②の確定節のヘッド部と，③のサブゴールに対して行われる単一化のようすを**図 7.14** に示します．

図 7.14 に示した単一化が行われる際，X に maruko，無名変数 _ に tomozou が代入され，Tail には [hiroshi, maruko] というリストが代入されます．つまり図

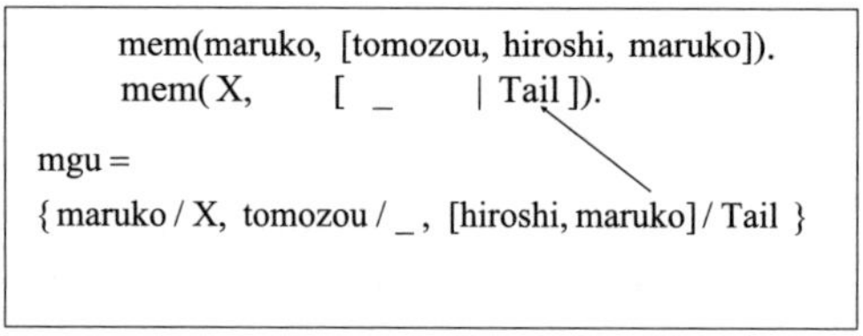

```
mem(maruko, [tomozou, hiroshi, maruko]).
mem( X,     [ _     | Tail ]).
mgu =
{ maruko / X, tomozou / _ , [hiroshi, maruko] / Tail }
```

図 **7.14** リストの先頭要素を捨てるための単一化

7.13 の①,②,③ の部分では,確定節 mem(X, [_ |Tail]) :- mem(X, Tail). を使うことにより,[tozomou, hiroshi, maruko] から maruko を探す計算を,[hiroshi, maruko] から maruko を探すより単純な計算へと帰着させます。

同様に,図 7.13 の④,⑤,⑥ の部分では,[hiroshi, maruko] から maruko を探す計算を,[maruko] から maruko を探すより単純な計算へと帰着させます。

そして,最後に図 7.13 の⑦,⑧,⑨ の部分では,maruko がリスト [maruko] の先頭要素になっているため,7.6.1 項で示した計算と同様に再帰的でない確定節 mem(X, [X| _]) を使って [maruko] の中に maruko があることがわかり,⑩ で空節が得られ一連の計算が正常に終了します。

7.7 宣言的プログラミング

データ構造に格納された多数のデータの中から走査対象のデータを探すような処理を C や Java 言語で書く場合,そのデータ構造を先頭から順番に調べるような手続的なアルゴリズムに沿ってプログラムが作られるでしょう。しかし,プログラム 7.5 はそのような作り方はされておらず,以下のような知識を宣言していると見ることができます。

1 行目:走査対象の X がリストの先頭にあれば,X はそのリストの要素である。

2 行目:走査対象の X がリスト Tail の要素であるなら,X は Tail の先頭に一つ要素を追加したようなリストの要素である。

これを見てわかるように,リストの中から X を逐次探すような手続きではな

7.7 宣言的プログラミング

く，プログラム 7.5 は単に X がリストの要素であるための条件を示した知識を記述したものです。このような知識を宣言することでプログラムを作成することを，宣言的プログラミングといいます。いくつかのリスト処理プログラムを宣言的プログラミングの立場から見てみましょう。

要素置き換えプログラム：replace

実行例 **7.14** に示すように，走査対象の要素 Tgt （第 1 引数）がリスト（第 3 引数）の中にあれば，その Tgt を Str （第 2 引数）に置き換えてできるリスト（第 4 引数）を求めるプログラム replace を考えてみます。

――――――― 実行例 **7.14** ―――――――
```
?- replace(tomozou, kotake, [tomozou, hiroshi, maruko], X).
X=[kotake, hiroshi, maruko]

?- replace(hiroshi, sumire, [tomozou, hiroshi, maruko], X).
X=[tomozou, sumire, maruko]
```

このような置き換えを表す宣言的な知識は以下のようになります。

1. リストが [ ] の場合，Tgt や Str とは無関係に置き換え後のリストは [ ]
2. リストの先頭要素が Tgt と一致し，残りが Tail の場合，Tail の中の Tgt を Str で置き換えたリストが W ならば，全体としての置き換え結果は先頭が Str で残りが W であるリスト
3. リストの先頭要素が Tgt と一致しない場合，リストを先頭要素 Head と残りの Tail に分け，Tail の中の Tgt を Str で置き換えたリストが W ならば，全体としての置き換え結果は，先頭が Head で残りが W であるリスト

この知識をプログラムの形で表すと，**プログラム 7.6** になります。

――――――― プログラム **7.6** ―――――――
```
1  replace(_, _, [],[]).
2  replace(Tgt, Str, [Tgt|Tail], [Str|W]):- replace(Tgt,Str,Tail,W).
3  replace(Tgt, Str, [Head|Tail], [Head|W])
4                         :- Tgt \= Head, replace(Tgt, Str, Tail, W).
```

なお，このプログラムの最初の節には無名変数 _ が 2 回現れていますが，無名変数には特例として「同一の節の中に複数回現れても，それぞれが異なる値と単一化できる」という性質があります。よって，二つの _ に違う値が代入されても大丈夫です。

リストとリストの共通部分を求めるプログラム：cap

実行例 **7.15** に示すように，一つ目のリストと二つの目のリストに共通する要素のみからなるリストを求めるためのプログラム cap を考えてみます。

───────── 実行例 **7.15** ─────────
```
?- cap([tomozou, kotake], [tomozou, hiroshi, maruko], X).
X=[tomozou]

?- cap([kotake, hiroshi, maruko], [tomozou, hiroshi, maruko], X).
X=[hiroshi, maruko]
```

一つ目のリストを List1，二つ目のリストを List2 とします。実行例 7.15 に示したように，List1 と List2 の共通部分のみからなるリストに対する宣言的な知識は以下のようになります。

1. List1 が [ ] のとき，二つのリストの共通部分は空のリスト [ ]
2. List1 を Head と Tail に分ける。Head が List2 の要素である場合は，Tail と List2 の共通部分のみからなるリストを W とすると，W の前に Head を付けてできるリストは List1 と List2 の共通部分のみからなるリストになっている。
3. List1 を Head と Tail に分ける。2. の条件が成り立たない場合，つまり Head が List2 の要素でない場合は，Tail と List2 の共通部分のみからなるリスト W は List1 と List2 の共通部分のみからなるリストになっている。

この知識をプログラムの形で表すと，プログラム **7.7** になります。

───────── プログラム **7.7** ─────────
```
1  cap([], _, []).
```

```
2   cap([Head|Tail], List2, [Head|W])
3                                   :- mem(Head, List2), cap(Tail, List2, W).
4   cap([Head|Tail], List2, W):- \+ mem(Head, List2), cap(Tail, List2, W).
```

　プログラム例 7.7 の 4 行目のボディー部にある記号「\+」は否定を表す論理演算子です。2〜3 行目で Head が List2 の要素である場合の条件を記述し，4 行目で Head が List2 の要素でない場合の条件を記述しています。プログラムは上から順番に走査されるので，2〜3 行目で mem(Head, List2) が偽になって失敗した場合は 4 行目の確定節が選ばれるため，サブゴール \+ mem(Head, List2) は不要だと思われますが，このサブゴールがないとセミコロンで再実行させた場合，**実行例 7.16** に示すように不適切な答えが示されます。その理由は，2〜3 行目の確定節を使って解を導いた後に別解を求めさせると，mem(Head, List2) が成り立つ場合でも 4 行目の確定節を使って解を求めてしまうためです。

――――――― 実行例 7.16 ―――――――
```
?- cap2([kotake, hiroshi, maruko], [tomozou, hiroshi, maruko], W).
W = [hiroshi, maruko] ;
W = [hiroshi] ;
W = [maruko] ;
W = [].
```

　ただし，カットを用いればサブゴール \+ mem(Head, List2) を使わなくても期待どおりに動作するプログラムができます（後出のプログラム 7.9 参照）。カットについては 7.8 節で詳しく説明します。

リスト処理を使った整列プログラム：Quicksort

　整列 (sorting) とは，ばらばらに並んだ要素を，なんらかの順序（例えば整数の大小関係）に沿って並べ直すことです。効率や単純さ（複雑さ?）の違うさまざまな方法があるのですが，ここではリスト処理の応用例として Quicksort を取り上げます。

　Quicksort による整列手順を図 **7.15** に示します。

　　① リストの先頭要素を基準点として取り出す。これをピボットと

7. Prolog

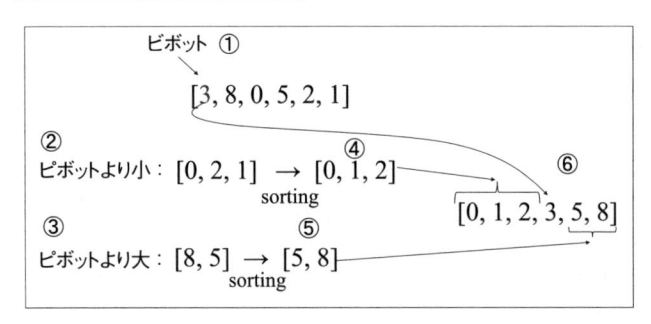

```
         ピボット ①
              ↘
          [3, 8, 0, 5, 2, 1]
  ②                    ④                        ⑥
  ピボットより小：[0, 2, 1] → [0, 1, 2]
                        sorting                [0, 1, 2, 3, 5, 8]
  ③                    ⑤
  ピボットより大：[8, 5] → [5, 8]
                        sorting
```

図 **7.15** Quicksort による整列手順

呼ぶ。

② ピボットより小さい要素からなるリストを作る。

③ ピボットより大きい要素からなるリストを作る。

④ ②のリストを整列する。

⑤ ③のリストを整列する。

⑥ ピボットを中心として，④のリストと⑤のリストを結合する。

ここで示した手順の中で④と⑤でさらに整列が必要とされ，ここで再帰的にこの手順が繰り返されます。再帰的な繰り返しの中でリストが徐々に短くなり，空リスト [ ] になったときに再帰処理は止まります。この手順を宣言的に記述すると次のようになります。整列前のリストを List1，整列後のリストを List2 とします。

1. 空リスト [ ] は空リスト [ ] の整列後のリストである。
2. List1 を Head と Tail に分ける。Tail の中の Head より小さい要素のみからなるリストを Small，大きい要素のみからなるリストを Large とする。Small を整列したリストを ListS，Large を整列したリストを ListL とする。このとき，Head を挟んで ListS と ListL を結合したリストは，List1 の整列後のリストになっている。

この宣言的知識を Prolog プログラムにすると**プログラム 7.8** のようになります。

プログラム 7.8

```
1  quick_sort([], []).
2  quick_sort([Head | Tail], List2)
3                      :- partition(Tail, Head, Small, Large),
4                         quick_sort(Small, ListS),
5                         quick_sort(Large, ListL),
6                         append(ListS, [Head | ListL], List2).
7
8  partition([Head | Tail], Pibot, [Head | ListS], ListL)
9      :- Head =< Pibot, partition(Tail, Pibot, ListS, ListL).
10 partition([Head | Tail], Pibot, ListS, [Head | ListL])
11     :- Head > Pibot, partition(Tail, Pibot, ListS, ListL).
12 partition([], _, [], []).
```

プログラム 7.8 において，最初の二つの確定節が先に述べた宣言的知識を表したものです。append は二つのリストを単に結合するだけのもので，SWI–Prolog に始めから入っている組込み述語です。後半の三つの確定節 partition は，ピボット基準としてリストをピボットより小さい要素からなるリストと大きい要素からなるリストに分けるためのものです。

プログラム 7.8 の 3 行目のボディー部が図 7.15 の②と③に相当します。4 行目が④，5 行目が⑤に相当し，そして 6 行目の append が⑥に相当します。

プログラム 7.8 ができたら，**実行例 7.17** のように実行してみてください。

実行例 7.17

```
?- quick_sort([3, 8, 0, 5, 2, 1], List2).
List2 = [0, 1, 2, 3, 5, 8]
```

7.8　バックトラック制御用述語 カット（**cut**）「！」

Prolog プログラムを実行する際，ゴール節がユーザにより入力され実行が始まった後は，プログラムの先頭から順に利用可能な確定節が走査され，確定節のボディー部では左から順番にサブゴールに対する実行が行われます。このように実行の順番はすべて SWI–Prolog などの処理系により固定され，ユーザがプログラムの中で処理の順番を制御することはできません。

しかし一つだけ，カットと呼ばれる述語「!」が，バックトラックを制御するために利用可能です。式 (7.8) にカットの一般的な使用例を示します。

$$Q :\text{-} P_1, P_2, \ldots, P_m, !, P_{m+1}, \ldots, P_n. \tag{7.8}$$

この特殊な述語は無条件に真として扱われますが，カットを含む節の中では，カットを越えて右から左へバックトラックすることはできません。バックトラックしようとした場合，その節（正確にいうと，その節の head と単一化していたゴール）が失敗したものとして扱われます。

この性質により，式 (7.8) に示した確定節のボディー部において，P_{m+1} から P_n の間ではバックトラックによる再実行が行われますが，P_1 から P_m の再実行は許さないといった制御がプログラマにより可能になります。ただし，! が最初に実行されるより前に P_1 から P_m の実行のどこかでバックトラックが起こった場合は，P_1 から P_m のサブゴールは再実行されます。カットの効果を具体例で見てみましょう。

カットを用いたプログラム例 1（cap の改良）

プログラム 7.7 で示した cap はリストとリストの共通部分からなるリストを求めるための確定節でした。カットを使うとこのプログラムは，プログラム **7.9** に示すようにもう少し簡単に書くことができます。

―――――――――― プログラム 7.9 ――――――――――
```
1  cap([], _, []).
2  cap([Head|Tail], List2, [Head|W])
3                        :- mem(Head, List2), !, cap(Tail, List2, W).
4  cap([_|Tail], List2, W):- cap(Tail, List2, W).
```

実行結果は実行例 7.15 と同じです。プログラム 7.9 の 3 行目の確定節のボディー部は，Head が List2 の要素だった場合の条件を表していますが，サブゴール mem(Head, List2) の後にカットを入れることで，バックトラックが起こった場合でも 4 行目の確定節で別解を出すことを禁止しています。これにより実行例 7.16 に示すように不適切な答えが示されることを防いでいます。

このようにカットは，手続き型言語における if−else 文のように排他的条件による条件分岐を記述する際に利用されます．

カットを用いたプログラム例 2（**sibling** の改良）

カットのもう一つの応用例として，プログラム 7.2 で示した sibling を改良します．プログラム 7.2 の 15 行目の確定節のボディー部に！を挿入して，式 (7.9) のように書き換えてください．

$$\text{sibling}(X, Y) :- \text{child}(X, Z), \text{child}(Y, Z), X \backslash= Y, !. \tag{7.9}$$

実行例 7.10 で出ていた余計な答えが**実行例 7.18** にはありません．ゴール節 ?- sibling(maruko, Y). に対して Y=sakiko という答えが返ってくるのは，プログラム 7.2 の 15 行目の確定節が選択され計算が進む際，mgu $\theta_1 = \{\text{maruko}/X, \text{hiroshi}/Z, \text{sakiko}/Y\}$ となり，15 行目の確定節のボディー部に記された条件 child(X, Z), child(Y, Z) がともに真になるからです (child(maruko, hiroshi) と child(sakiko, hiroshi) が真なので)．プログラム 7.2 の 15 行目のようにカットがない場合，セミコロン ; でバックトラックを促すと，child(X, Z), child(Y, Z) がともに真になるもう一つの可能性 $\theta_2 = \{\text{maruko}/X, \text{sumire}/Z, \text{sakiko}/Y\}$ が探し出され，(child(maruko, sumire) と child(sakiko, sumire) が真になるので，Y=sakiko がもう一度表示されます．これに対し，式 (7.9) に示したようにバックトラックを抑制するカットを入れることで，θ_2 になる場合の計算は行われずに，Y=sakiko が 1 回だけ表示されて終了します．

───── 実行例 7.18 ─────
```
?- sibling(maruko, Y).
Y = sakiko ;
false.
?- sibling(sakiko, Y).
Y = maruko.
```

ただし，この改良（改悪?）をすると全解探索ができなくなるため，maruko に sakiko 以外の兄弟姉妹がいる場合でも ?- sibling(X, maruko). というゴー

ル節に対し一つだけしか答えが返ってこなくなります。

このように，カットを不用意に使うと，本来出てほしい答まで出なくなってしまう場合もあるので注意して使う必要があります。

7.9 算術演算を含むプログラムとカット

ほかのプログラミング言語と同様，Prolog でも数値計算を含むプログラムを記述することができます。中間試験（50点満点）と期末試験（50点満点）の合計が 60 点未満ならば fail，60 点以上ならば pass と表示するプログラムとその実行例をプログラム 7.10 と，実行例 7.19 に示します。

―― プログラム 7.10 ――
```
1  judge(Chukan, Kimatsu, Result)
2              :- Sum is Chukan + Kimatsu, Sum < 60, Result = fail.
3  judge(Chukan, Kimatsu, Result)
4              :- Sum is Chukan + Kimatsu, Sum >= 60, Result = pass.
```

―― 実行例 7.19 ――
```
?- judge(20, 30, X).
X = fail.
?- judge(40, 30, X).
X = pass.
```

算術演算の例

プログラム 7.10 の各節のボディー部では，Chukan と Kimatsu の和を計算して変数 Sum に代入し，2 行目では Sum < 60 が真ならば Result に fail を，4 行目では Sum >= 60 が真ならば Result に pass を代入しています。変数に項を代入するには Result = pass などのように = を使えばよいのですが，計算結果を変数に代入するには Sum is Chukan + Kimatsu のように is を使う必要があるので注意してください。Prolog で使用できる算術演算子と比較演算子を**表 7.1** と**表 7.2** にまとめます。

7.9 算術演算を含むプログラムとカット

表 7.1 算術演算子

演算子	名前	使用例
+	和	X + Y
−	差	X − Y
*	積	X * Y
/	除	X / Y
mod	剰余	X mod Y

表 7.2 比較演算子

演算子	読み方	使用例
<	小なり	X < Y
<=	以下	X <= Y
>	大なり	X > Y
>=	以上	X >= Y
=:=	等しい	X =:= Y
= \ =	等しくない	X = \ = Y

カットを用いた条件分岐

2 行目で Sum < 60 が偽の場合は自動的に 3 行目が選ばれるので，4 行目の Sum >= 60 は不要なように思われます．しかし，この条件を削除したプログラムで実行してみると，**実行例 7.20** に示すように不適切な結果も表示されます．

```
─────────────── 実行例 7.20 ───────────────
?- judge(20, 30, X).
X = fail ;
X = pass.
```

これも，セミコロンによるバックトラックの発生が原因なので，**プログラム 7.11** に示すようにカットを使って正しく動作するプログラムが簡潔に記述できます．

```
─────────────── プログラム 7.11 ───────────────
1  judge(Chukan, Kimatsu, Result)
2              :- Sum is Chukan + Kimatsu, Sum < 60,!, Result = fail.
3  judge(_, _, Result):- Result = pass.
```

さらに Prolog について知りたい方へ

本章では数理論理学を学習する一環として，Prolog プログラミングの基本的な技術を解説しました．Prolog について，より実践的な技術に関心のあるみなさんは，『Prolog の技芸』[20] など，Prolog プログラミングの専門書を参照してください．

演習問題

【1】 準備として，プログラム 7.4 に次の四つの事実節を追加する。parent(sakiko, yuriko). parent(sakiko, tomohiro). female(yuriko). male(tomohiro). その上で，yuriko が maruko の姪であることを判定できる確定節 niece(X, Y) :- ··· を作成せよ。（ヒント）以下の条件を満足するようボディー部を完成させればよい。
- Y は，Z の兄弟姉妹である。
- X は，Z の子供である。
- X は，女性である。

同様にして，tomohiro が maruko の甥であることを判定できる確定節 nephew (X,Y) :- ··· を作成せよ。

【2】 プログラム 7.4 にある ancestor を参考に，何世代後の子孫でもたどれる確定節 descendant(X, Y) :- ··· を作成せよ。ただし，descendant の定義の中で ancestor を使用してはいけない。

【3】 プログラム 7.6 を参考に，リストの要素 Tgt の直後に Str を挿入する確定節 insert(X, Y, Z, W) :- ··· を定義せよ。（ヒント）以下の宣言的な知識を確定節で表現すればよい。

(1) リストが [ ] の場合，Tgt や Str とは無関係に挿入操作後のリストは [ ]。
(2) リストの先頭要素が Tgt と一致し，残りが Tail の場合，Tail の中の Tgt のうしろに Str を挿入したリストが W ならば，全体としての要素挿入の結果は先頭二つの要素が Tgt, Str で残りが W であるリスト。
(3) リストの先頭要素が Tgt と一致しない場合，リストを先頭要素 Head と残りの Tail に分け，Tail の中の Tgt のうしろに Str を挿入したリストが W ならば，全体としての要素挿入の結果は，先頭が Head で残りが W であるリスト。

───── 実行例 7.21 ─────
```
?- insert(tomozou, kotake, [tomozou, hiroshi, maruko, tomozou], W).
W = [tomozou, kotake, hiroshi, maruko, tomozou, kotake]

?- insert(tomozou, kotake, [], W).
W = []
```

【4】 プログラム 7.6 を参考に，リストの要素 Tgt を削除する確定節 delete(X, Y, W) :- ··· を定義せよ。（ヒント）以下の宣言的な知識を確定節で表現すればよい。

(1) リストが [ ] の場合，Tgt とは無関係に削除操作後のリストは [ ]。
(2) リストの先頭要素が Tgt と一致し，残りが Tail の場合，Tail の中の Tgt を削除したリストが W ならば，全体としての削除結果は W。
(3) リストの先頭要素が Tgt と一致しない場合，リストを先頭要素 Head と残りの Tail に分け，Tail の中の Tgt を削除したリストが W ならば，全体としての削除結果は，先頭が Head で残りが W であるリスト。

──────────── 実行例 **7.22** ────────────
```
?- delete(tomozou, [tomozou, hiroshi, maruko, tomozou], W).
W = [hiroshi, maruko]

?- delete(tomozou, [], W).
W = []
```

【5】プログラム 7.9 を参考に，リストを集合とみなし，リストとリストの和集合を求めるための確定節 cup (X, Y, Z) :- ⋯ を作成せよ。

──────────── 実行例 **7.23** ────────────
```
?- cup([hiroshi, sumire], [sakiko, maruko], W).
W = [hiroshi, sumire, sakiko, maruko]

?- cup([kotake, hiroshi, maruko], [tomozou, hiroshi, maruko], W).
W = [kotake, tomozou, hiroshi, maruko]
```

【6】プログラム 7.8 を参考に，大きいもの順に数字のリストを並べ替えるための確定節，quick_reverse(X, Y) :- ⋯ を定義せよ。

──────────── 実行例 **7.24** ────────────
```
?- quick_reverse([3, 8, 0, 5, 2, 1], List2).
List2 = [8, 5, 3, 2, 1, 0]

?- quick_reverse([], List2).
List2 = []
```

引用・参考文献

1) 有川節夫, 原口誠：述語論理と論理プログラミング, オーム社 (1988)
2) Michael E. Bratman：Intention, Plans, and Practical Reason, Harvard University Press (1987), 門脇俊介, 高橋久一郎 (訳). 意図と行為——合理性, 計画, 実践的推論——, 産業図書 (1994)
3) Chin-Liang Chang and Richard Char-Tung Lee： Symbolic Logic and Mechanical Theorem Proving, Academic Press (1973)
4) 淵一博, 古川康一, 溝口文雄（編）：並列論理型言語 GHC とその応用, 共立出版 (1987)
5) R. Kowalski and D. Kuehner：Linear Resolution with Selection Function. Artificial Intelligence, Vol. **2**, pp. 227〜260 (1971)
6) Anil Nerode and Richard A. Shore：Logic for Applications, Springer–Verlag (1993)
7) Anand S. Rao and Michael P. Georgeff：Modeling Rational Agents within a BDI-Architecture. In Michael N. Huhns and Munindar P. Singh, editors, Reading in Agents, pp. 317〜328. Morgan Kaufmann, San Francisco (1997)
8) J. A. Robinson：A Machine-Oriented Logic Based on the Resolution Principle, Journal of the Association for Computing Machinery, Vol. **12**, No. 1, pp. 23〜41 (1965)
9) Munindar P. Singh, Anand S. Rao and Michael P. Georgeff: Formal Methods in DAI; Logic-Based Representation and Reasoning. In Multiagent Systems, pp. 331〜376. The MIT Press (1999)
10) 瀧和男（編）：bit 別冊 第 5 世代コンピュータの並列処理, 共立出版 (1993)
11) 丹治信春：タブローの方法による論理学入門, 朝倉書店 (1999)
12) 戸田山和久：論理学をつくる, 名古屋大学出版会 (2000)
13) 山崎進：計算論理に基づく推論ソフトウェア論, コロナ社 (2000)
14) 小野寛晰：情報科学における論理, 日本評論社 (1994)
15) 高田司郎, 新出尚之：意図に基づくエージェントアーキテクチャ, 人工知能学会誌（特集: 意図研究のスペクトル）, Vol. **20**, No. 4, pp. 433〜440 (2005)
16) 新出尚之, 高田司郎：意図に関する論理体系, 人工知能学会誌（特集: 意図研究のスペクトル）, Vol. **20**, No. 4, pp. 425〜432 (2005)

17) 萩谷昌己, 西崎真也：論理と計算のしくみ，岩波書店 (2007)
18) 東条敏：言語・知識・信念の論理，オーム社 (2006)
19) 松村明（編）：大辞林 第三版，三省堂 (2006)
20) Leon Sterling and Ehud Shapiro, 松田利夫（訳）：Prolog の技芸，共立出版 (1988)
21) Edmund M. Clarke, Jr., Orna Grumberg and Doron A. Peled: Model Checking, The MIT Press (2001)
22) Christopher A. Rouff, Michael Hinchey, James Rash, Walter Truszkowski and Diana Gordon–Spears (Eds): Agent Technology from a Formal Perspective, Springer (2006)
23) Anand S. Rao and Michael P. Georgeff：Decision Procedures for BDI Logics, Journal of Logic and Computation, pp. 292〜343, Vol. **8**, No. 3 (1998)

索引

【あ】

アトム 50
 グランド—— 50

【い】

意図 142
 ——オペレータ 146
 ——の理論 142
イベント 149
意味領域 15
意味論 10, 15
 CTL の—— 131
 CTL*の—— 135
 述語論理の—— 55
 BDI logic の—— 151
 命題信念様相論理の—— 138
 命題線形時間時相論理の—— 128
 命題様相論理の—— 117
 命題論理の—— 14

【え】

枝 25
エルブラン
 ——解釈 107
 ——基底 105
 ——の定理 110
 ——モデル 107
 ——領域 105
演繹 40

【お】

親節 98

【か】

外延的記法 1
解釈 15, 55
 CTL の—— 132
 CTL*の—— 135
 述語論理の—— 61
 BDI logic の—— 153
 命題信念様相論理の—— 138
 命題線形時間時相論理の—— 128
 命題様相論理の—— 118
 命題論理の—— 17
確定節 170, 176
カット 200
可能世界 117
可能的 115
含意 11
関数記号 48
完全性
 体系 K の—— 123
 タブローの—— 40
 導出原理の—— 104
 命題信念様相論理の—— 139
 命題論理の—— 43
冠頭標準形 78
冠頭連言標準形 80

【き】

偽 15
木 26
規則節 177
基礎項 49

基礎式 50
基礎節 109
 ——集合 109
既分解節点 27

【く】

空集合 2
空 節 81
クリプキフレーム 118
クリプキモデル 118

【け】

継続的 124, 152
経 路 125, 129
 ——限定子 131
 ——論理式 134, 150
結合律 21
現在指向的意図 143
現実的 115
健全性
 体系 K の—— 122
 タブローの—— 40
 導出原理の—— 104
 命題信念様相論理の—— 139
 命題論理の—— 43
限定子 49
 全量—— 49
 存在—— 49

【こ】

項 48
交換律 21

索　引

恒　真
　(述語論理の場合)　　65
　(命題様相論理の場合)　120
構文領域
　述語論理の——　　54
　命題論理の——　　11
構文論　　10
　CTL の——　　131
　CTL* の——　　134
　BDI logic の——　　150
　命題信念様相論理の——
　　　　　　137
　命題線形時間時相
　　論理の——　　127
　命題様相論理の——　115
公　理　　40, 41, 121, 139
　——型　　123
　——系　41, 121, 123, 138
合理的エージェント　142
ゴール節　　173

【さ】

最汎単一化代入　　92, 96
サブゴール　　173
三段論法　　41

【し】

事　実　　170
　——節　　170
時相オペレータ　　126
時相論理　　125
実践的推論　　154
始　点　　26
集　合　　1
　真部分——　　4
　積——　　5
　部分——　　3
　冪——　　6
　和——　　5
充足可能
　(述語論理の場合)　　65
　(命題様相論理の場合)　120

充足不能
　(述語論理の場合)　　65
　(命題様相論理の場合)　120
終　点　　26
自由変数　　54
出　現　　53
　束縛する——　　53
述　語　　46
　——記号　　47
熟　考　　154
述語論理　　45
　——の論理式　　50
状態論理式　　134, 150
証　明　　42
真　　15
心的状態　　145
信念オペレータ　137, 146
真理値　　15
　——表　　17
　——割当て　16, 118, 120

【す】

推移的　　124, 152
推移律　　8
推論規則　40, 41, 77, 123, 139
スコープ　　54
スコーレム
　——関数　　83
　——定数　　83
　——標準形　　83

【せ】

節　　81
　——集合　　87
　——点　　25
線形時間クリプキモデル　125

【そ】

相補リテラル　　92
束縛変数　　53

【た】

第 n 導出　　100

体系 K　　121
対称的　　124
対称律　　8
対象領域　　55
代　入　　59
　解——　　178
　空——　　59
　最汎単一化——　　96
　——の合成　　93
　——例　　60
　単一化——　　92
タブロー　　23, 29
　完成した——　　34
　——の構成規則　　27
　矛盾した——　　35
単一化　　92
　——アルゴリズム　　94
　——代入　　92
　——定理　　97

【ち】

直　積　　6

【つ】

強い現実主義　　160

【て】

定数記号　　48
定　理　　41, 42, 122, 140
手続的解釈　　183

【と】

等価性
　述語論理式間の——　　66
　代入間の——　　96
　命題論理式間の——　　20
導　出　　100
　——演繹　　100
　——原理　　89, 97
　——節　　98
到達可能関係　　117
同値関係　　7
頭　部　　78

【な】

ド・モルガンの法則 21
内包的記法 2

【に】

二項関係 7
二重否定律 21

【ね】

根 26

【は】

葉 26
排中律 19
バックトラック 187
反射的 124
反射律 8
反駁 100, 101, 102

【ひ】

必然的 115
否定 11
非分岐型規則 27

【ふ】

不一致集合 93
部分論理式
 述語論理の―― 51
 命題論理の―― 12
分岐型規則 27
分岐時間クリプキモデル 129
分配律 21

【へ】

閉路 26
閉論理式 54

【ほ】

ヘッド部 177
変数 48

【ほ】

ホーン節 182
母式 78
ボディー部 177

【み】

道 26
 完成した―― 34
 矛盾した―― 34
未分解節点 27
未来指向的意図 143

【む】

無名変数 190, 192

【め】

命題 9
 ――信念様相論理 137
 ――線形時間時相論理 126
 ――分岐時相論理 131
 ――変数 10
 ――様相論理 115
 ――論理 9
 ――論理の完全性定理 43
 ――論理の論理式 11

【も】

目的−手段推論 154
モデル 65, 118

【ゆ】

ユークリッド的 124, 152
有効範囲 53
優先順位 13, 51, 116, 127

【よ】

様相演算子 115
様相論理 114
欲求オペレータ 146

【り】

リスト 190

【れ】

連言標準形 81

【ろ】

論理演算子 10
論理式
 CTL の―― 131
 CTL*の―― 134
 述語論理の―― 50
 符号付き―― 25
 命題信念様相論理の――
   137
 命題線形時間時相
  論理の―― 127
 命題様相論理の―― 115
 命題論理の―― 11
論理積 11
論理的帰結
 (述語論理の場合) 66
 (命題論理の場合) 20
論理的に等価
 (述語論理の場合) 67
 (命題論理の場合) 21
論理和 11

【わ】

割当て 16, 56, 105

α 変換 73
arity 46
BDI logic 142
BNF 記法 115
CTL 131
CTL* 134
listing 172
mgu 96
SLD 導出 184

―― 著者略歴 ――

加藤　暢（かとう　とおる）
1991 年　岡山大学工学部情報工学科卒業
1993 年　岡山大学大学院工学研究科修士課程修了（情報工学専攻）
1997 年　岡山大学大学院自然科学研究科博士課程修了（知能開発科学専攻），博士（工学）
1998 年　日本学術振興会特別研究員
2000 年　近畿大学講師
2011 年　近畿大学准教授
　　　　　現在に至る

高田　司郎（たかた　しろう）
1979 年　大阪大学基礎工学部情報工学科卒業
1979 年　コンピューターサービス株式会社（1987 年に株式会社 CSK に商号変更）入社
1991 年　技術士（情報工学部門）
1993 年　株式会社けいはんな入社
1999 年　奈良先端科学技術大学院大学情報科学研究科博士後期課程修了（情報システム学専攻），博士（工学）
1999 年　株式会社国際電気通信基礎技術研究所（ATR）入所
2002 年　福岡工業大学助教授
2003 年　近畿大学助教授
2007 年　近畿大学准教授
2016 年　近畿大学教授
2020 年　大和大学教授
　　　　　現在に至る

新出　尚之（にいで　なおゆき）
1986 年　京都大学理学部卒業
1988 年　京都大学大学院理学研究科修士課程修了（数理解析専攻）
1988 年　京都大学助手
1992 年　奈良女子大学講師
2007 年　博士（情報科学）（奈良女子大学）
2008 年　奈良女子大学准教授
　　　　　現在に至る

数理論理学 ── 合理的エージェントへの応用に向けて ──
Mathematical Logic for Rational Agents
Ⓒ Toru Kato, Shiro Takata, Naoyuki Nide 2014

2014 年 10 月 30 日　初版第 1 刷発行　　　　　　　　　　　　　　　★
2021 年 7 月 30 日　初版第 3 刷発行

	検印省略	著　者	加　藤　　　　暢
			高　田　司　郎
			新　出　尚　之
		発 行 者	株式会社　コロナ社
			代 表 者　牛来真也
		印 刷 所	三美印刷株式会社
		製 本 所	株式会社　グリーン

112-0011　東京都文京区千石 4-46-10
発 行 所　株式会社　コロナ社
CORONA PUBLISHING CO., LTD.
Tokyo Japan
振替 00140-8-14844・電話 (03) 3941-3131 (代)
ホームページ　https://www.coronasha.co.jp

ISBN 978-4-339-02489-0　C3055　Printed in Japan　　　　　　　（柏原）

〈出版者著作権管理機構　委託出版物〉
本書の無断複製は著作権法上での例外を除き禁じられています。複製される場合は，そのつど事前に，出版者著作権管理機構（電話 03-5244-5088, FAX 03-5244-5089, e-mail: info@jcopy.or.jp）の許諾を得てください。

本書のコピー，スキャン，デジタル化等の無断複製・転載は著作権法上での例外を除き禁じられています。購入者以外の第三者による本書の電子データ化及び電子書籍化は，いかなる場合も認めていません。
落丁・乱丁はお取替えいたします。